大論争
日本人の起源

斎藤成也　関野吉晴
片山一道　武光　誠
ほか

JN143106

宝島社新書

まえがき

編集部・小林大作

日本人はどこから来たのか？　日本文化の基層はなにか？　天皇のはじまりは？　かなり以前から論議されてきた、日本人の起源。だが、ここにきて、またまた新しい地平が広がりつつある。

さまざまな発掘技術やＤＮＡの分析、文献の研究などの進化で、新しい知識が導入され、多くの知見が得られている。本書では大論争と銘打ち、最新の研究を踏まえた日本人の起源を、各分野の先生方に執筆を依頼し、インタビューをさせていただいた。そのジャンルは、遺伝学、人類学、考古学、文献・歴史学と幅広い。

ＤＮＡ分析では国立遺伝学研究所の斎藤成也教授に執筆を依頼した。彼にはＤＮＡでわかる日本人のルーツを最新の研究に基づいて書いていただいた。身体人類学では京都大学名誉教授の片山一道氏に身体から読み解く日本人の起源を書いていただいた。

そして、考古学の分野では、旧石器時代の日本人の移動について早稲田大学文学学術院教授の長崎潤一氏に、縄文時代については縄文遺跡群世界遺産登録推進専門家委員会委員の岡村道雄氏に書いていただき、弥生時代については国立歴史民俗博物館研究部教授の藤尾慎一郎氏にお話を伺った。

さらに、新たな視点として、中国大陸での新旧人類の交錯について研究している南山大学人文学部准教授の上峯篤史氏に、その最新の成果を書いていただいた。旧石器時代に日本列島に入ってきた新人が、中国大陸でもし旧人と交わっていたのなら、想像するだけでもゾクゾクする。そして、日本文化の原点を探る対談として、上記の岡村氏と、南米のフィールドワークを何十年と続けている関根吉晴氏に話していただいた。

歴史学からは、元明治学院大学教授の武光誠氏に、日本の大王のルーツを求めて、日本書紀と古事記から読み解いていただいた。そして、豪族と大王とのかかわりを、堺女子短期大学教授の水谷千秋氏にお話を伺った。最後に兵法研究家の家村和幸氏に竹内文書について書いていただいている。

日本人のルーツに求めるものは各人によって違う。それは血のルーツであったり、文化のルーツであったり、大王（天皇）のルーツであったりする。それらのすべてを、一冊の本にまとめるのは無理である。しかし、本書がその端緒になればと思う。

目次

第二章　考古学で読み解く日本人の起源

第三章　歴史学で読み解く日本人の起源

日本書紀・古事記から読み解く日本人のルーツ　258
著／武光誠（元明治学院大学教授）
祖先信仰が「記紀神話」をつくった／高天原から来た皇室の先祖
高天原はどこか／北方から来た神話と天孫降臨／遊牧民的な火の神の死の神話
海の果てから来る南方の神／航海民が祭った大物主神
「記紀神話」の中の南方系の神話／日本に移住した江南の航海民
江南から伝わった照葉樹林文化／皇室の日向に対する思い入れ

卑弥呼は大王であった⁉　古代日本の王権　287
インタビュー／水谷千秋（堺女子短期大学教授）
卑弥呼はヤマト政権の大王だった⁉／壱与の墓に祀られたふたりの人物
和邇氏のルーツは日本海か？／大和川流域の大王と淀川流域の大王
4世紀末に多くきた渡来人／ヤマト政権が朝鮮半島に送った援軍
甲冑は大王が配っていた／物部も大伴もあまり格の高くない豪族だった
大王を支えた鉄

第一章

遺伝学と人類学で読み解く日本人の起源

ゲノムデータから探る日本人のルーツ

著／斎藤成也（国立遺伝学研究所・集団遺伝研究室）

劇的な進化を遂げる遺伝子研究。過去の人類の、次々と発見される新しい遺伝子情報とその解析が、今までの常識を覆している。その遺伝子研究の最前線にいる斎藤成也氏に、最新の知見を踏まえて日本人の起源について書いていただいた。果たして日本人はどこから来たのか。（編集部）

次世代シークエンサーがもたらしたゲノム研究の革命

人間の生命は、母親の卵に父親の精子が飛びこんで、両者が合体する「受精」から出発する。このとき、卵細胞の核内にある22本の常染色体とX染色体、そして精子のもたらした22本の常染色体と1本の性染色体（X染色体またはY染色体）の、46本の染色体からなる受精卵が誕生する。この受精卵というひとつの細胞が分裂をくりかえすことにより、ひとりの人間がかたちづくられてゆく。卵と精子に入っていた23本の染色体は、「ヒトゲノム」とよばれている。すなわち、われわれの細胞ひとつひとつが、2セットのゲノムを持っていることになる。母親から1セット、父親から1セットである。

このヒトゲノムは、アルファベット4文字（A，C，G，T）で32億個を用いて表現される、膨大なDNAの情報でもある。これらのDNA情報が、2004年になってほぼ解明された。これ以降、まだ15年ほどしか経っていないが、人間の遺伝子を研究する分野には、革命がおこった。人間のルーツも、これまでとは比較にならないぐらい、くわしく調べることが可能になったのである。

十数年ほど前までは、ヒトゲノム中のわずか数十か所を調べることしかできなかったが、現在では百万か所を調べることが簡単にできる。これは、あたかも電子顕微鏡の登場によって、光学顕微鏡に比べて数万倍も解像度があがった細胞学における大変化に匹敵する、人類進化学における一大ジャンプなのだ。本書で紹介する縄文時代人のゲノムＤＮＡ研究も、この「革命」の恩恵を受けて莫大な情報が得られ、縄文人の起源について、まったく新しい展開をみせている。

さらに、最近の急速な技術革新により、10年前には数億円の研究費をついやし、数年かけてようやく決定することができたヒトゲノムの塩基配列が、現在では、わずか数十万円で、しかも一週間ほどで決定できるようになってきた。日本でも、東北大学の東北メディカルメガバンク機構が、宮城県に在住する１０００人のゲノム配列を決定している（Nagasaki et al. 2015）。ゲノム配列を多数の人々について決定できれば、それらの膨大な情報は、革命を持続させるおおきな波となって、人類のルーツ研究が進むだろう。本稿では、この「革命」によってわかってきた、日本人のルーツに焦点をあてて論じてゆく。

日本ではなくヤポネシア

本章のタイトルには『日本人』が含まれている。しかしこの言葉が使われ始めたのは、7世紀に大和朝廷が自身の国号を「日本」に変えて以来のことである（神野、2016）。網野善彦（2008）が強調したように、それ以前には「日本」は存在していなかった。「日本列島人」も、国家のわくから離れているとはいえ、日本という単語を含むので、それなりに問題であろう。「倭人」といういいかたをすることが

PROFILE

斎藤成也（さいとう・なるや）

1957年、福井県生まれ。国立遺伝学研究所集団遺伝研究室教授。1979年東京大学理学部生物学科卒、1981年東京大学理学修士、1986年テキサス大学ヒューストン校生物医科学大学院終了（Ph.D.）。東京大学理学部助手、国立遺伝学研究所進化遺伝研究部門助教授を経て、2002年より現職。総合研究大学院大学遺伝学専攻と東京大学大学院理学系研究科生物科学専攻の教授を兼任。2019年10月から、クロスアポイントメント制度により琉球大学医学部先端医学センター特命教授も兼ねる。専門は人類進化学、ゲノム進化学。主な著書に『日本列島人の歴史』（岩波ジュニア新書、2015）、『核DNA解析でたどる日本人の源流』（河出書房新社、2017）。監修に『別冊宝島2403　DNAでわかった日本人のルーツ』（別冊宝島）など。

ある。しかし「倭」は中国からみた呼び名であり、これも先史時代にさかのぼると、やはり不適切になる。

そこで、古い時代から日本列島に住んでいた人々を、斎藤（2015、2017a）は「ヤポネシア人」とよぶことを提案した。「ヤポ」は日本をラテン語ではヤポニアとよぶことから、「ネシア」は「ポリネシア」や「ミクロネシア」というように島々を意味する。この言葉は、長く奄美大島に住んだ作家の島尾敏雄が提唱したものである。ヤポネシアとカタカナあるいはローマ字（Yaponesia）で表記すると、漢字を別の発音で言われる問題も起きない。

ヤポネシアは、千島列島弧、樺太島、北海道・本州・四国・九州とその周辺の島々、および琉球列島弧までの範囲をふくむ。ヤポネシアに住みつづけてきた人間とその文化は、おおきくわけると三種類なので、それにしたがって日本列島を北部、中央部、南部とわける。北部は樺太島、千島列島、北海道を中心とした地域、中央部は、本州、四国、九州を中心とした地域、南部は奄美大島から与那国島まで連なっている琉球列島弧、すなわち南西諸島に対応する。

図1. ヤポネシアの地理的定義

ヤポネシアの地理的定義と、その北部（樺太、千島列島、北海道）・中央部（本州・四国・九州）・南部（南西諸島）に住む3集団（アイヌ人、ヤマト人、オキナワ人）

千島列島と樺太島には、かつてアイヌ人が住んでいた。北海道・本州・四国・九州を中心とした日本列島中央部には、ヤマト人とアイヌ人が住んでいる。南西諸島には、おもにオキナワ人が居住してきた（図1）。

2018年度から、筆者を領域代表とした、文部科学省の新学術領域研究「ヤポネシアゲノム」がはじまった。本稿ではこのプロジェクトの成果も踏まえて、ヤポネシア人の起源に迫ってゆきたい。

二重構造モデル

ヤポネシア人の成立に関する「二重構造モデル」は、1980年代に多数の人骨を統計的に比較した研究結果から提案された。埴原和郎（1995）によれば二重構造モデルの概略は次のとおりだ。

ヤポネシア（日本列島）に旧石器時代に移住して最初に住みついた人々は，東南アジアに住んでいた古いタイプの人々の子孫であり、彼らがその後縄文人を形成した。弥生時代になるころ、北東アジアに居住していた人々の一系統が日本列島に渡来してきた。彼らはもともと縄文人の祖先集団と近縁な集団だったが、寒い環境への遺伝的な適応変化により、骨形態が縄文人とは異なっていった。

この新しいタイプの人々は、ヤポネシアに水田稲作農業を導入し、北部九州にはじまって、ヤポネシア中央部全域に移住を重ね、そのあいだに先住民である縄文人の子孫との混血をくりかえした。これが現在日本列島に居住する多数派であり、本稿では斎藤(2015、2017a)にしたがって、「ヤマト人」とよぶ。一方、ヤポネシア北部と南部にいた縄文人の子孫集団は、この渡来人との混血をほとんど経ず、やがてそれぞれアイヌ人とオキナワ人の祖先となっていった。

現代日本人集団の主要構成要素を、ヤポネシア時代の第一波の移住民の子孫である「土着縄文系」と、弥生時代以降の第二派の移住民である「渡来弥生人系」のふたつに考えて説明したことから、この説は「二重構造モデル」とよばれている。

日本列島に渡来してきた人々を、時代的に大きく縄文時代までと弥生時代以降の二段階にわけて考えるのが、「二重構造モデル」の特徴だ。人々の生活も、これらふたつの時代では大きく異なっている。縄文時代までは採集狩猟が、弥生時代以降は稲作農耕が中心だった。縄文時代には、北海道から沖縄まで、日本列島全体に縄文時代人が住んでいたが、弥生時代になって、大陸から渡来した人々により、水田稲作がつたえられた。最初に導入されたのは、3000年ほど前、九州北部地帯だとされている。水田稲作によってコメを作る技術は、九州の北部から南部へ、また中国・四国、近畿、中部、関東へと、ゆっくりとつたわっていった。

農耕によってコメが生産されるようになると、採集狩猟の生活よりもずっと多くの食糧が確保できる。このため渡来民の子孫の人口が増えてゆき、やがて縄文時代以来の土着民の子孫と混血していった。ところが、日本列島は南北に長いこともあり、南の島々（現在の奄美大島や沖縄にあたる）や東北地方、北海道地方には、水田稲作は長いあいだひろがらなかった。このため、縄文時代以来の土着民と弥生時代以降の渡来民の子孫の混血が、それ以外の地域と比べて、おこりにくかった。

以上の歴史的・地理的な状況から、日本列島の南と北には、それ以外の地域と比べて、縄文時代人の血をより色濃く伝えている人々が存在しているのだとするのが、二重構造モデルだ。

わたしたちの研究グループは、日本列島の三集団（アイヌ人、オキナワ人、ヤマト人）のDNAを調べた結果を発表し、基本的にこの二重構造が存在していることをしめした（Japanese Archipelago Human Population Genetics Consortium, 2012）。しかし、オキナワ人はアイヌ人よりもずっとヤマト人に遺伝的に近縁だった。これはもっとずっと少ない遺伝子データから、アイヌ人とオキナワ人の共通性を示した尾本恵市と斎藤成也による論文（Omoto & Saitou, 1997）でしめした系統樹でも、同様の傾向だった。

このため、従来からこの点を中心として、二重構造モデルの批判が百々幸雄らよりあった。骨形態の研究を長年おこなった自身の研究史をまとめた百々（2015）は、160頁で「ベルツのアイヌ・琉球同系説というのは、日本列島の人類史の一側面だけを強調したものにすぎず、我々はアイヌ・琉球同系説という学説にあまりにもとらわれすぎていたのではないか。」と述べている。この書で、百々は先輩の学説を否定しずらい人類学のかつての状況もあちこちで触れているが、これは斎藤（2017b）が論じた「学問を縛るもの」の一部と共通している。

しかし、採集狩猟民の象徴としての「縄文」要素と、稲作農耕民の象徴としての「弥生」要素でヤポネシア人の成立を説明しようとした、二重構造モデルの単純性は魅力的である。斎藤（２０１７ａ）が論じたように、あくまでも第一近似として受け入れるべきだろう。

縄文時代のヤポネシア人

筆者のグループは、縄文時代人のゲノム配列を、２％という部分的なものながら、はじめて報告した（Kanzawa-Kiriyama et al, 2017）。ここにいたるまでの神澤秀明博士の苦労話を斎藤（２０１７ａ）に記してあるので、興味のある方は読んでいただきたい。

ここでいう縄文時代人は、今からおよそ３０００年前、縄文時代末であり、福島県新地町にある三貫地《さんがんじ》貝塚出土人骨である。その後２０１８年に太田博樹らのグループが欧州の研究者と共同で発表した論文（McColl et al., 2018）で、愛知県伊川津《いかわづ》貝塚の古代人ＤＮＡ解析結果を報告している。

論文では縄文時代人ということになっているが、2700年ほど前であり、すでに九州北部では水田稲作が導入されていた。このため、時代としてはもう弥生時代にはいっている。

2019年に、神澤秀明を中心とする研究グループは、北海道礼文島の船泊《ふなどまり》遺跡出土の縄文時代人（約3500〜3900年前）のゲノム解析結果を発表した（Kanzawa-Kiriyama et al., 2019）。男女1個体ずつが解析されたが、特にF23という番号がつけられた女性の大臼歯から、驚異的に保存状態のよいDNAが山梨大学医学部の安達登らによって抽出され、現代人のDNAに匹敵する塩基配列データが得られた。このため、この女性のゲノムDNA配列は、縄文時代人の典型である「参照配列」として、今後使われてゆくだろう。

神澤秀明らの船泊縄文人ゲノム解析論文のSupplementary Figure（本文以外で電子的のみ公開された図）11aに掲載されている、近隣結合法（Saitou and Nei, 1987）で作成された系統樹では、現代人がアフリカで起源したことが明瞭に示されている。特にピグミー人の系統（MbutiとBiakaの2集団）が最初に分かれているのが興味深い。

次に西アフリカのYoruba人と出アフリカ以降の人々の系統が分岐している。出アフリカ以降で最初に枝分かれしているのは、シベリアの約4万5000年前の遺跡から出土したUst-Ishim人である。このあとは、おおきく東ユーラシアと西ユーラシアに分かれる。西ユーラシアのクラスターには、現在のフィンランド人とサルディニア島人および古代のシベリア・イルクーツク近郊の後期旧石器時代のマリタ遺跡から出土した人間（MA1）が含まれている。

一方、東ユーラシアのクラスターで最初に枝分かれするのは、パプアニューギニア人（Papuan）であり、その次に、周口店遺跡の近くに位置する田園洞から出土した約4万年前の人間が分岐している。

船泊縄文人ゲノム解析論文のSupplementary Figure 11aをさらにみてゆくと、つぎに西ユーラシア人の系統（サルディニア島人とフィンランド人）と東ユーラシア人および南北アメリカ人の系統に大きく分かれている。後者の系統で最初に分かれているのは、次に分かれる船泊縄文人とアイヌ人のクラスターとその他の集団から構成されるクラスターである。後者のクラスターは、南北アメリカのクラスター（北米のエスキモー人と南米のカリティアナ人）と東ユーラシアの現代人7集団のクラスターに分かれる。このパターンは、三貫地貝塚縄文人の場合（Kanzawa-Kiriyama et al., 2017）と同一である。

船泊縄文人ゲノム解析論文で、TreeMixという別の方法を用いた図9a系統樹でも、船泊縄文人の系統は、パプアニューギニア人の系統の分岐後かつ、南北アメリカ人の系統の分岐前に分岐している。これは、三貫地遺跡にせよ、船泊遺跡にせよ、縄文人の祖先系統が2万年以上前に大陸集団から分かれていったことを示唆する。

ヒトゲノムの膨大な情報は、系統関係だけでなく、過去の人口変動、近親婚の程度、髪の毛の太さや血液型、耳垢型など、さまざまな表現型の推定ができる。現在顔面形態に関連するゲノム多様性の研究が急速に進んでいるので、近い将来には、ある個人のゲノム配列からその人の顔かたちを推定することもできるようになるだろう。

ヤポネシア人に伝えられた縄文人ゲノムの割合

神澤秀明らによる三貫地貝塚縄文人ゲノム解析論文（Kanzawa-Kiriyama et al.,

2017）では、縄文人ゲノムと比較された4集団のゲノム中で、縄文人に近い順から、アイヌ人、オキナワ人、東京周辺のヤマト人、北京の中国人という結果だった。縄文人のゲノムデータが少なかったので、ゲノム中の数十万ＳＮＰを調べただけのアイヌ人とオキナワ人については相対的なことしかわからなかったが、船泊縄文人ゲノム解析論文（Kanzawa-Kiriyama et al.,2019）では、膨大な縄文人ゲノムデータを用いることができたので、縄文人のゲノムをアイヌ人は66％、オキナワ人は27％受け継いだと推定された。

一方、東京周辺のヤマト人（専門的には、ハップマップ計画で調べられたＪＰＴ集団）は全ゲノムデータを用いることができたので、三貫地貝塚縄文人ゲノム解析論文でも、12％ほどの縄文ゲノムを受け継いだと推定した。船泊縄文人ゲノムでは、それとほぼ同じ13％という推定結果となった。

この、いわば「縄文ゲノム指数」とでもいえる割合が、同じヤマト人でも、斎藤（２０１５、２０１７ａ）の主張する中心軸と周辺部のヤマト人ですこし異なるのかどうかが、興味をもたれる。現在日本人の全ゲノムデータが急速に増加しているので、ちかいうちにそれらのデータの縄文ゲノム指数も推定できるだろう。

縄文人（および彼らの祖先であるヤポネシアの旧石器時代人）の故郷がスンダランド（現在の東南アジア）だったとすれば、ヤポネシア中央部の周辺部に若干多いと予想される第二段階渡来民の故郷もけっこう南方である可能性があるので、周辺部ヤマト人のほうが、ＪＰＴなどの中心軸ヤマト人よりも、縄文ゲノム指数はすこしだけ高いことが期待される。

新学術領域研究ヤポネシアゲノムの古代人ゲノム班（班長は国立科学博物館の篠田謙一副館長）は、縄文時代人だけでなく、弥生時代人についても、つぎつぎに研究成果を発表している。鳥取県鳥取市の、紀元2世紀の青谷上寺地《あおやかみじち》遺跡出土の弥生人ＤＮＡや福岡県の安徳台《あんとくだい》遺跡の弥生人ＤＮＡは、現代人ＤＮＡの多様性の中に入ってしまった。これは、弥生時代の後期にはすでに西日本については現代人と遜色のないゲノム状況だったことをしめしている。

一方、篠田らは朝鮮半島南部の５０００年ほど前の遺跡から出土した人骨のＤＮＡも解析して、縄文人ゲノムが現代日本人とおなじぐらいの割合で含まれていることを見いだした（篠田ら、２０１９）。このことは、いわゆる縄文人のひろがりが、ヤポネシアだけでなく、朝鮮半島にもあったことを物語っている。

ヒトとともにヤポネシアに渡来したマウスのゲノム

尾本恵市が領域代表として組織した特定領域研究「日本人と日本文化」（１９９７〜２００１年度）では、故森脇和郎と米川博通らが、日本列島のマウスには2種類があり、南アジアに分布の中心があるカスタネウス（ＣＡＳ）亜種は日本列島の北部に分布し、東ユーラシア北部に分布の中心があるムスクルス（ＭＵＳ）亜種は日本列島の南部に分布することを、ミトコンドリアＤＮＡの分析から発見した。マウスは人間とともに移動するので、ＣＡＳ亜種が縄文時代渡来人とともに日本列島に渡来し、ＭＵＳ亜種は弥生時代渡来人とともに日本列島に渡来したと考えられた。

その後、森脇の遺志を継いだかたちで、北海道大学の鈴木仁らがマウスの研究を発展させていった。ミトコンドリアＤＮＡの塩基配列を多数の地点のマウスで調べた2論文（Suzuki et al. 2013・Kuwahara et al. 2017）は、基本的に森脇らの発見を支持している。

ヤポネシア人の起源と成立に関する2019年9月現在の筆者の考え方

およそ4万年ほど前に、ユーラシア大陸のどこかからヤポネシアに移り住んだひとびとがいた。彼らは海や川で魚貝類を捕ったり、山で猪や鹿を狩ったり、さまざまな木の実を集めたりしていた。

1万6000年前には、ヤポネシアでも土器生産がはじまり、縄文時代に移行したが、人間の大きな入れ替えはなかったようだ。土器は石器とともに残りやすいので、考古学では重視される。石器と異なり、土器は重く割れやすいので、縄文時代以降はヤポネシア人が定住生活をはじめたことを示唆する。4万年前からずっとヤポネシア（とその周辺）に住んできたこの人々を、第一層ヤポネシア人とよぼう。

9000年ほど前に揚子江流域で水田稲作が発明されると、水田稲作の拡大とともに、東アジアでは稲作農耕民が爆発的に人口増加をおこした。このため、大陸沿岸の漁業を中心としていた「海の民」が圧迫されて、新天地をもとめてヤポネシアに移り住んできた。およそ4500年前以降だと想像される。この人々を第二層ヤポネシア人とよぼう。

かれらは採集狩猟民だったが、それまでヤポネシアに住んできた第一層ヤポネシア人とは、遺伝的にかなり異なっていた。また日本語の祖先語を話しており、それまでヤポネシアで話されていた言語とおきかわっていった可能性がある。

およそ3000年前には、水田稲作が九州北部を出発点としてヤポネシアに渡来した。この弥生時代のはじまりをもたらしたのが、第三層ヤポネシア人である。すでにヤポネシアに渡来していた第二層ヤポネシア人と遺伝的に近縁な人々だった。表1に、埴原（1995）の二重構造モデルと斎藤（2015、2017）のうちなる二重構造モデルにおける、それぞれ2種類と3種類の人々の渡来時期の対比を示した。

水田稲作は、700年ほどのあいだに東北地方を除く本州・四国・九州に広まってゆき、先住民である縄文系の人々（第一層ヤポネシア人と第二層ヤポネシア人の混血子孫）と農耕民である第三層ヤポネシア人が混血していった。

なお、藤尾（2015）によれば、稲作の初期導入は東北地方が紀元前4世紀であ

表1.二重構造モデルとうちなる二重構造モデル

	二重構造モデル	うちなる二重構造モデル
第一層ヤポネシア人の渡来時期	旧石器時代～縄文時代末（約4万年前～約3000年前）	旧石器時代～縄文時代中期（約4万年前～約4500年前）
第二層ヤポネシア人の渡来時期	弥生時代～8世紀（約3000年前～約1200年前）	縄文時代後期・晩期（約4500年前～約3000年前）
第三層ヤポネシア人の渡来時期	想定せず（――）	弥生時代～現代（約3000年前～現在）

二重構造モデルと二重構造モデルの渡来時期の対比

り、紀元前3世紀にようやく稲作が導入された関東地方よりはやかったらしい。しかし東北地方の水田稲作がどれだけ存続したのかは、気候の点から含めると、疑問である。また、東北地方の北半分には、アイヌ語地名が多数残っており、それは関東以西ですでに弥生時代にはいっていたが、東北地方北部ではまだ縄文時代的な文化の続いていたことが知られている。

弥生時代の終末期には、おそらく西日本（現在の畿内・中国・四国・九州）が政治的にほぼ統一され、3世紀の中頃に古墳時代にはいった。4世紀に現在の中部地方と関東地方がヤマト政権のもとに加わったあと、東北地方にいた、おそらくアイヌ語の祖先語を話していた第一層ヤポネシア人の子孫がヤマト政権の軍事的圧迫をのがれて、すこしずつ北海道に移っていった。その空白を埋めたのは、北陸や関東からの、第二層ヤポネシア人の子孫だった。このときにも混血がおこった。この混血は、Jinamら（2015）によってゲノムデータから示されたものをもとにした推定である。

平安時代には、オキナワ地域がヤマト政権の影響下に入り、グスク時代がはじまった。最近の言語学の研究によれば琉球語は、古墳時代にはすでに九州南部でヤマト言葉から分岐しはじめていたとされている（ペラール 2016）。その後琉球語は急速にそれまで話されていたいわば「古オキナワ語」（これは斎藤成也の提唱した用語である）とおきかわってゆき、平安時代以降あちこちの島々で特化していった。

北海道では、縄文時代以来の文化伝統が長く続き、北からのオホーツク文化の影響も混血を含めて受けつつ、鎌倉時代以降にアイヌ文化が形成されていった。アイヌ文化とアイヌ語は、その後樺太や千島列島にもひろがっていった。

この項で説明した以上の仮説は、ふたつの層（象徴的に縄文と弥生と呼ぶことが多い）でヤポネシア人の成立を説明する「二重構造モデル」を修正した「三重構造モデル」だと考えることができる。第二層ヤポネシア人と第三層ヤポネシア人が遺伝的に近縁なので、かつては区別できなかった。しかし現在では膨大なゲノムデータを用いることができるので、両者が区別でき、地域差も見えつつあるということになる。筆者が領域代表をつとめている新学術領域研究ヤポネシアゲノムでは、この現代人のゲノム多様性探索が大きな目的のひとつである。今後の発展を期待して待っていてほしい。

【引用文献】

日本語文献（五十音順）

網野善彦（2008）「日本」とは何か．講談社学術文庫．

神野志隆光（2016）「日本」国号の由来と歴史．講談社学術文庫．

斎藤成也（2015）日本列島人の歴史．岩波ジュニア新書．

斎藤成也（2017a）核DNA解析でたどる　日本人の源流．河出書房新社．

斎藤成也（2017b）日本人起源論研究をしばってきたものごと．井上章一編『学問をしばるもの——人文諸学の歩みから』．思文閣出版．

篠田謙一、神澤秀明，角田恒雄、安達登（2019）韓国加徳島獐項遺跡出土人骨のDNA分析．2019，167－206頁．

百々幸雄（2015）アイヌと縄文人の骨学的研究～骨と語り合った40年～．東北大学出版会．

埴原和郎（1995）日本人の成り立ち．人文書院．

藤尾慎一郎（2015）弥生時代の歴史．講談社現代新書．

ペラール トマ（2016）日琉祖語の分岐年代．田窪行則ら編、『琉球諸語と古代日本語』くろしお出版、99－124頁．

英語文献（ABC順）

Japanese Archipelago Human Population Genetics Consortium (2012) Journal of

Human Genetics 57: 787-795.
Jinam A. T. et al. (2015) Journal of Human Genetics
Kanzawa-Kiriyama H. et al. (2017) A partial nuclear genome of the Jomons who lived 3000 years ago in Fukushima, Japan. Journal of Human Genetics. 62: 213–221.
Kanzawa-Kiriyama H. et al. (2019) Late Jomon male and female genome sequences from the Funadomari site in Hokkaido, Japan. Anthropological Science, vol. 127, pp. 83-108.
Kuwahara T. et al. (2017) Heterogeneous genetic make-up of Japanese house mice (Mus musculus) created by multiple independent introductions and spatio-temporally diverse hybridization processes. Biological Journal of the Linnean Society, vol. 122, pp. 661-674.
McColl H. et al. (2018) The prehistoric peopling of Southeast Asia. Science, vol. 361, pp. 88-92.
Nagasaki M. et al. (2015) Rare variant discovery by deep whole-genome

sequencing of 1,070 Japanese individuals. Nature Communications 6: 8018.

Omoto K. and Saitou N. (1997) Genetic origins of the Japanese: A partial support for the "dual structure hypothesis". American Journal of Physical Anthropology, vol. 102, pp. 437-446.

Saitou N. and Nei M. (1987) The neighbor-joining method: a new method for reconstructing phylogenetic trees. Molecular Biology and Evolution, vol. 4, pp. 406-425.

Suzuki H. et al. (2013) Evolutionary and dispersal history of Eurasian house mice Mus musculus clarified by more extensive geographic sampling of mitochondrial DNA. Heredity, vol. 111, pp. 375-390.

身体史観から読み解く日本列島人は、どこから来たのか

著／片山一道（身体人類学、京都大学名誉教授）

『骨が語る日本人の歴史』（ちくま新書）が話題になった身体人類学者の片山一道氏。自ら身体史観という、その観点から日本人の起源を探る。身体の特徴から日本人を見た場合、日本人は、いつ、どこから来て、どのように発達してきたといえるのか、書いていただいた。（編集部）

はじめに：私自身の日本列島人論

私自身は歴史学者ではない。もちろん古代史の研究者でもない。あるいは、考古学者などでもない。ましてや、いわゆる日本人論を得々と語るような口の滑らかな人間でもない。私は人類学者なのである。

そんな者がなぜ、たとえば日本人の起源とか、日本人の歴史とか、日本人はどこから来たのかとか、日本人は何者なのかとか、などなど、そんな論争に口を挟むのか。まずは、そのあたりの私自身のスタンスのようなことについて、すこしだけ、自己紹介のようなことをしておきたい。

私は長らく、ラグビーに信じられないほどの適性を発揮するポリネシア人の研究に従事する傍ら、古代人の身体性を解読する「骨考古学」と呼ばれる研究活動にも関わってきた。それは考古学の遺跡から発掘される古人骨を調べて、当の骨を残した人物の属性、男女のいずれだったか、何歳ほどで死亡したか、どんな身体特徴であったか、どんな顔立ち、体形、体格をしていたか、どんな生業活動に励んでいたか、どんな病気や怪我で悩んでいたか、どんな食物を多く摂っていたか、右利きであったか、大谷翔平選手がもつ「二分膝蓋骨」の特徴を有したか、どんな死生観や他界観を育んだ集団の一員だったか、などなどのことを明らかにするためだ。

そうした研究活動の流れのなかで、日本列島で生を享け死を迎えた人間、一般に日本人と呼ばれる人々の顔立ちや体形などの身体性が、時代とともに、ときに急激に、ときに緩やかに変化していったこと、また、日本列島の地域により、いささか様子が

PROFILE

片山一道（かたやま・かずみち）

人類学者（専門：身体人類学・骨考古学）。京都大学名誉教授。理学博士。広島生まれ。京都大学理学研究科・修士修了。京都大学理学部助教授、京都大学霊長類研究所教授、京都大学理学研究科教授を歴任。2009年定年退任。主な著作に、『古人骨は語る 骨考古学ことはじめ』（KADOKAWAソフィア文庫）、『ポリネシア 海と空のはざまで』（東京大学出版会）、『考える足』（日本経済新聞社）、『古人骨は生きている』（KADOKAWA角川選書）、『海のモンゴロイド ポリネシア人の祖先をもとめて』（吉川弘文館、歴史文化ライブラリー）、『縄文人と「弥生人」』（昭和堂）、『骨考古学と身体史観』（敬文舎）、『骨が語る日本人の歴史』（ちくま新書）、『身体が語る人間の歴史』（ちくまプリマー新書）、『ポリネシア海道記 不思議をめぐる人類学の旅』（臨川書店）など多数。

異なることに興味を抱いた。つまり、同じ日本人なのに、時代により、地域により、特徴に異なる身体現象があり、それが歴史現象と大きく連動してきたことに興味を抱いた。そして、人間の身体現象を通して、人間の歴史を考える「身体史観」なる思考法の試みに迷いこんでしまったような次第である。

ともかく、身体特徴の変遷を手がかりにして、日本列島人の歴史を読み解くべく身体史観では、文字史料も古文書も、あるいは口碑伝承のようなものも不要。さらには土偶や埴輪や肖像画などのようなフィクションも要しない。この身体史観は現実的な思考ツールなのである。「書斎派」の蘊蓄《うんちく》で傾ける歴史学ではない。「考える足派」の歴史学なのである。いずれにしても、「史観なき歴史は歴史学たらず」のスタンスで、「日本文化や社会の歴史」ではなく、「日本人の歴史」をめざすのだ。

日本列島人のはじまり

最初の日本列島人（First Japanese：FJ）が住み着いたのは、いったい、どれくらい前のことだったのであろうか。はたして、何十万も前の頃、アジア大陸に北京原人などがいた頃のことだったのだろうか。あるいは何万年か前の頃、たとえばヨーロッパなどに、ネアンデルタール人などがいた頃のことなのだろうか。はたまた、何千年か前のことにすぎなかったのだろうか。

そもそも最初の日本列島人とは、どんな人々だったのだろうか。どんな顔立ちや背格好をした人々だったのだろうか。ともかく、この問題は難問にすぎる。なにしろ、見てきた人などいない。聞いた人などもいない。そんなに遠い昔の記憶を伝える人もいない。ましてや、写真のようなものなどがあるわけない。この難問に答えるには、ともかく、FJの化石人骨を調べるほかない。それが唯一無二の方法なのである。

だが残念ながら、その肝心の化石たるや、砂漠に残るハムスターの足跡ほどにも見つからない。ともかく、FJの面影を求め、彼らの身体像を探るのは、彼らが見ていた夢を共にするほどにも困難なのである。

難しいことは後まわし。まずは日本列島人の歴史、その奥行きを推し測ることから始めよう。われらが日本列島人の歴史は、いったい、いつ頃までさかのぼることができるのであろうか。

ひとつだけ絶対に確かなことがある。ＦＪは、〈どこかから、やって来た〉のである。〈おそらくは風来坊のごとく偶然にやって来た〉のではなかろうか。日本列島の八百万《やおよろず》の神々がＦＪを創造したとか、なにかのはずみでＦＪが誕生したとか、あるいは、先行霊長類から進化したとかでは、けっしてなかった。

ともかく最初の日本列島人は、どこからか、他の場所からやって来たのだ。もうひとつ、確かなこと。それは、うんと遠いところから遠路はるばるとやって来たのではなく、アジアの近場、おそらくは周辺に広がる大陸世界、東アジアとか、北東アジアとかから、やって来たはずだ。遠くアフリカあたりから、東南アジアの低緯度地帯から、あるいは、アメリカ大陸やポリネシアの方面からジャンプして来たのではない、はずだ。

はたして、①どこから来たのか。②どれくらい前のことだったのか。③どんな人々だったのか。④どうやって来たのか。⑤日本列島のどこに来て、どの地方に住み着いていたのか。⑥どんな暮らしをしていたのか。⑦日本列島全体で、どれほどの人口規模だったのか。このうち、③と⑦などは、最高難易度の問題であろう。あるいは難問にすぎるかもしれぬ。

最古の日本列島人（FJ）が来たのは、いつ頃のことか

どれぐらい前に、日本列島に最初に人間が住み着いたのだろうか。これについては、案外、答えやすい。人間が残した古い遺跡や石器を探しだせばよいわけだ。だが実は、どの遺跡がいちばん古いか、これは難問中の難問。

当然のこと、当時は、石器時代だったはずだから木器や石器が道具だったはず。だから人工作品の不朽の名作たる石器の有無や、古さや、分布や型式などから探ることができる。最古のものとおぼしき石器が見つかる遺跡の年代がわかればよい。

「どれくらい前のものなのか」を推定する年代測定もハイテク手段が進歩したため、精確に確実になってきたから、頼りがいがある。それに、まぎれもない「真性石器」であり、悩ましい「石器もどき」や自然作用による「疑似石器」でないと判定する研究者の目も肥えてきた。心すべきは、古そうな〈石器もどき〉を古そうな地層に埋めたりする人間の邪《よこしま》な心を許さないこと。科学研究の世界では、「性悪説」による眼力

を鍛錬する必要があるだろう。

日本列島に人間が定着存在するようになったのは、いつ頃からか。あいかわらず喧《やかま》しい論争は続く。おそらくは何万年も前のこと。いまでは、3万8千年ほどは前のことだろうとする専門家がすくなくない。日本列島で確実な石器が見つかるのが、更新世と呼ばれる地質年代（かつては洪積世と呼ばれていた）の終わり頃、考古学で後期旧石器時代（3－4万年前以降）と呼ばれるようになってからの遺跡からだからだ。

いくつかの遺跡については、まだ喧しい論争の最中。ともかくは旧石器時代の後期にはすでに、日本列島に人間がやって来ていたのだ。汎地球動物たる人間（ホモ・サピエンス）の歴史では、むしろおそいほう。南北アメリカ大陸よりは古いが、オーストラリア大陸よりは新しいわけである。

どこからＦＪは来たのか

それでは、はたして、どこから来たのだろうか。どのようなルートをたどり、どのようにして、やって来たのだろうか。

これらは案外、やさしい問題かもしれぬ。「さまざまなルートが考えられよう」と曖昧に答えるのがよい。いささか投げやりな解答と思われるかもしれぬが、無難に思えるのは、正鵠《せいこく》を射ているからだろう。オッカムの剃刀というそうだが、必要以上に難しく考えないほうがよい。

北東アジア方面から北海道へ、東アジア方面から朝鮮半島経由で本州地域へ、さらには中国の華南方面から、台湾を経て琉球諸島へと、旧石器時代人の来た道が考えられる。

では、どうやって来たのか。これについては、陸伝いに歩いて来たと答えるのが相場。ゾウ類やシカ類などの大型動物を狩猟しながら、ときに大勢で颯爽と、あるいはトボトボと散り散りになってテリトリーを拡大するように、日本列島に来たのだろう、と答えれば、当たらずといえども遠からず、というところか。

海の上は歩けないだろう、とのツッコミがあるやもしれぬが、陸路で来たのはまちがいない。いまでこそ日本列島は島国であるが、いつもそうだったわけではない。更新世と呼ばれる最近の200万年あまりの間は、実際、むしろ陸続きか、それに近い状態だったときのほうが長かった。それが定説だ。当然、日本列島の地形、自然、気候、景観は、ずいぶん違っていたわけだ。

ことに更新世の後半は、地球上は、氷河時代（氷河期、寒冷期）がくりかえされた。氷河時代には、極圏や高山では氷床や氷河が発達するため、水が海に循環しないから、海面は後退し、浅海が干あがり、いわゆる〈海退期〉が訪れた。日本列島周辺では、最大で120メートルもそこらの海面低下が生じたことが推定されている。その結果、ときどき日本列島は、ところにより大陸と陸続き、あるいは、それに近い状態となっていたのだ。

くりかえし氷河期が訪れ、海が後退し、陸地が拡大した。ことに大きな海退は、最後の氷河期の2万年ほど前、その前の10万年近く前、さらに50万年前あたりにピークがあったようだ。そうした頃の日本列島は、ときに「北海道半島」や「本州半島」で大陸とつながり、かぎりなく半島に近い飛び石状態で島々が連なる琉球諸島などで構成されていた。

東シナ海の沿岸沖に広がる大陸棚は、海退期に大河の周囲に発達した大平野だったのである。つまり台湾方面から琉球諸島に渡るのも、いまより容易で十分可能だったろう。ときには海水に浸かるか、小川をジャンプすることを余儀なくされたではあろうが、ともかく氷河期には、大陸から日本列島へは陸伝いで移動できたはずだ。

となると、どこから来たのか、については、もう多くを語るまでもない。本州へは東アジア方面から朝鮮半島経由で、北海道へは北東アジア方面からサハリン経由で。それが考えやすいルートである。実際、考古学の研究でも石器の種類やタイポロジーからも、そうしたルートの存在が指摘されている。

そこで問題となるのは、柳田国男らが唱えた「南からの海上の道」説である。はたまた、鈴木尚（東京大学）らが唱えた「縄文人南方起源」説である。もちろん前者は「稲が伝来した道」と、後者は縄文人の起源と関わる仮説であるから、ここでは特に議論しない。

だが日本列島人のルーツ云々の論争では、しばしば言及される仮説である。このあと港川人や白保人との関わりで触れることにはなろうが、本州方面や北海道の旧石器時代人との絡みでは深入りする必要はない。もちろん琉球諸島の旧石器時代人を考えるとき、台湾や華南などを避けて通るわけにはいくまい。

どんな暮らしぶりだったのか

日本列島の旧石器時代人は、どの地域に住んでいたであろうか。この問いには、多くを語る必要はない。多くを語れないのである。

北海道から本州、九州、さらには琉球諸島（八重山諸島を含む）までの各地で、すくなからずの旧石器時代の遺跡が見つかることから、彼らの足跡が日本列島の広くに及んでいたことはまちがいない。実際、ずいぶん前の時点で日本列島の津々浦々、すくなくとも5000地点もの遺跡が確認されている。サハリン経由あり、朝鮮半島経由あり、台湾経由ありと、北から西から南から、あちこちから来ていることを物語る。

たしかに、遺跡の数は多かれども、もちろん、それらの規模は、みな小さい。それに、日本列島における人間史の80パーセント強の長きにわたる時代であることを考えると、きわめて少ない遺跡数と評価するのが妥当である。わずかな人々が細々と暮らしていたにすぎない。この時代の終わりの終わり頃の人口は、列島全体でも何千人かほどにすぎなかっただろう。

いまから1万3千年ほど前の縄文時代が始まる頃でも、1万人そこそこの人口規模でしかなかったようだから、まるで奇跡か僥倖《ぎょうこう》のようにしてしか、その頃の化石人骨が見つからないのも道理というものか。

どんな暮らしをしていたのか。その詳細については、その筋の成書、たとえば稲田・佐藤（2010）などにゆずりたい。ひどく簡単に申せば、ごく少人数のグループ（血族や縁族からなるバンド）で遊動しながら離合集散。もっぱら採集狩猟生活を送っていたことであろう。

黒曜石などを加工した精巧な石器類、あるいは木器類などが生活道具。おそらくは、木の実や葉っぱ植物や小動物などを日々の糧とし、ときどき、ナウマンゾウやオオツノジカなど大物の保存肉などを利用していたのではなかろうか。おそらくは水産魚類などの食料の恩恵にもあずかっていただろう。あるいは、中国の同時代人、周口店《しゅうこうてん》遺跡の山頂洞人のごとく、川を遡上するサケ類なども利用していたのであるまいか。

最古の日本列島人、どんな人々だったのか

はたして彼ら（FJ）は、どんな人々だったのか。どんな顔立ちや背格好だったのだろうか。この問題に対しては、いまから2万年以上や3万年も前の化石人骨を調べるほかない。

だが残念ながら、あるいは当然のことながら、旧石器時代の化石人骨が発見されることは、きわめて珍しい。まるで僥倖のように発見されるだけである。

松浦秀治と近藤恵（お茶の水女子大学）は、これまでに報告された「旧石器時代人骨」の化石資料を総点検、洗いなおしたが、日本列島全体でも合計20件あまりしかない。たいていは琉球諸島で見つかったもの。本州での発見例の少なさが際だつ。しかも、本州や九州などで報告されたものは、「いわく付き」が多く、信頼に足る年代が得られにくいか、小さなかけらだけの骨しか残らない例がほとんど。唯一、静岡県の浜松市で見つかった「浜北人」だけが、確実に旧石器時代人の骨化石とのお墨付きが得られている程度だ。

そんなわけで、琉球諸島の化石人骨が注目を集めるのは仕方ない。そこではまさし

く、石灰岩でできた洞窟遺跡などが、旧石器時代の人骨化石の宝庫のごとし。人類学では、遺跡名に「人」を付し、「＊＊人」と称して、人骨化石の資料を呼ぶのが恒例。たとえば「浜北人」のように。琉球諸島には数えきれないほどあり、なかでも「港川人」と「白保人」とが超有名人、その双翼をなす。

「港川人」とは、沖縄本島南端の八重瀬町（旧具志頭村《ぐしかみそん》）にある石灰岩の採石場（通称「港川フィッシャー」）で、1970年、石灰岩の割れ目に落ちこんだようにして発見された化石人骨群（約1万8千年前の前後）のことである。日本列島で見つかった旧石器時代人の化石のなかでは、当時では唯一、全身骨が残り、顔立ちを復原できるほどに頭骨が良く残存する。

そもそも琉球列島の石灰岩地帯は、動物骨化石が非常に残りやすいのであるが、それにしてもありがたい土地柄ある。その恩恵で、遠き昔のＦＪの人物像に関する知見を求めることができるというわけだ。

最近でも、同じく沖縄県、石垣島の白保竿根田原《しらほさおねたばる》洞穴遺跡で、港川人にも遜色のない化石人骨（およそ2万7千年前以降）がまとまって見つかり、「ＦＪの顔」なるものが復原されることになり、話題を集めている。

よみがえる「港川人」：琉球諸島に住みし旧石器時代人の面影

「港川人」は、九人分ほどの人骨をからなる。そこからは、1号、2号、3号、4号人骨が識別できた。そのうち1号人骨と4号人骨とは、まるで神のおぼし召しのようなもの。ことのほか保存状態が良い。しかも、前者は成人男性の骨で、後者は成人女性の骨であるから、当時の人々につき、等身大の人物像を描写するのに申し分ない。かたわらにあった炭化物などで年代測定することにより、ほぼ1万8000年前にさかのぼることが確かめられた。かくして、旧石器時代人の面影が鮮明によみがえってくる。

「港川人」の身体特徴については、以下のごとし。この化石群を最初に調査した鈴木尚（東京大学）らによると、生前の身長は、成人男性で153センチほど、成人女性で144センチほどと推定でき、ともに非常に背が低い。そのわりに四肢骨は相対的に長めだからやや脚長に映る。頭骨は大きめだが、頭蓋骨が現代人の二倍ちかくも厚く、脳を収める容積は1400立方センチばかりと現代日本人と変わらない。頭蓋骨のみならず、全身の骨も骨太の特徴が目立つ。

彼らの顔立ちは、なんとも特異である。大造りで寸詰まりの顔。頬骨が目立つほどに外側に張りだす。だから顔幅が広い。下顎も幅広く、下顎角（エラ）が発達する。眉部が厚く膨らみ、目もとがくぼむから、横顔は案外、彫りが深い。鼻骨は小さいが、梨状口《りじょうこう》（骨鼻孔）は大きい。鼻は大きめの造りだっただろう。眼窩は広く大きいので、眼は大きめだったろう。こめかみの部分が狭く、頬骨が張りだすのは、側頭筋（咀嚼筋）が大きかったからである。上下顎は大きめで直顎、歯が並ぶ歯槽が大きく、歯も全体に大きめであった。

強力な側頭筋を擁して、ハードでタフな食べ物を常食していたのだろうか、歯の咬耗（食物の咀嚼で生じる歯の咬合面の磨り減り）は、ただごととは思えないほどに激しい。ほとんどの歯が根もと近くまで磨耗する。フラットにではなく不規則に磨り減る歯もあり、なんらかの道具としても、歯を酷使していた痕跡がうかがえる。

こうした「港川人」の身体特徴につき、焦点となるのは、日本列島の旧石器時代人の特徴として一般化できるか否か、という難問。当時の日本列島人を代表しうる（鈴木尚説）のか、それとも琉球諸島だけの限定版だったのか。おおいに議論が分かれるが、鼻骨や眼窩の形などでは、のちの本州縄文人とは趣きを異にすることから、私自身は後者の立場に立ちたい。海部陽介（国立科学博物館）らの「港川人」の復顔研究（２０１０）や高宮広土（札幌大学）の琉球諸島旧石器時代人に関する仮説（２００５）なども、後者の可能性を強く示唆する。

日本列島の旧石器時代人の系譜

これまでに日本列島で発見された（後期）旧石器時代人の化石で、ある程度の身体特徴が推測できるのは、「港川人」と「白保人」だけしかない。これらの人骨から、はたして、ＦＪについて、なにかを物語ることができるのであろうか。

「港川人」などを代表選手として、中国大陸の同時代人骨と比較することにより、周口店遺跡で見つかった華北の「山頂洞人」よりも、柳州の洞窟遺跡で見つかった華南の「柳江人」のほうに似るとの指摘がある。それゆえにＦＪは、中国南部、あるいは、東南アジアの同時代人たちと顔立ちや体形が類似し、系譜を同じくしたのだろうとの想定がなされた。まさに、東南アジア方面から移り住んだ人々の系譜に連なるのではないかというわけだ。さらには、そうした旧石器時代人が縄文人の祖先になったのだ、ということで「縄文人南方起源説」がひと頃は定説となっていたのだが。

そのもとをたどれば、鈴木尚（東京大学）らの「港川人」化石に関する大がかりな研究にいきつく。「柳江人」と類似し、縄文人骨とも似るとの考察から、「柳江人」の流れをくむグループが日本列島の旧石器時代人となり、それが縄文人の母胎となったのだろう、というわけである。かくして「縄文人南方起源説」が有力視された。やがて、その仮説は、まるで定説であるかのごとく人口に膾炙《かいしゃ》することとなった。おそらく、柳田国男が唱えた南からの「海上の道」話、あるいは島崎藤村の「椰子の実」の詩などと響きあい、日本人の琴線をくすぐるようになったのか。

その仮説の再考をうながしたのは、海部陽介（国立科学博物館）らの「港川人」1号人骨の顔立ちを画像的に復原しなおす研究だった。そして、「柳江人」とは趣を異にするとともに、縄文人とも異なる顔立ちであることを指摘した。「港川人」を縄文人の祖先筋に考える鈴木説を再考することを唱えた。

ちなみに海部らは、何万年か前の頃、東南アジアに広く分布していたオーストラリア先住民やニューギニア高地人の源流筋にあたるグループに「港川人」が類似すると考える。つまり、「港川人」と本州域の旧石器時代人とのつながりに対して否定的な見解を提示する。この新説には、たいへん説得力があるように思うのだが、さて、どうだろうか。

アジア大陸各地からの「吹きだまり」のごとき旧石器時代人

この新説は、縄文人骨についてミトコンドリアDNA（mtDNA）型（ハプログループ）を分析する篠田謙一（国立科学博物館）らの結果とも整合する。篠田らは、シベリア方面から北回りの「北海道半島」経由で広がってきた北東アジア・グループや、朝鮮半島から「本州半島」経由でやってきた東アジア・グループなどが、あちこちからやって来て、のちの縄文人の根幹となったのではないか、と推論した。つまりは縄文人は単純ではなく、けっこう複雑な構成をしていたのではないか、と考える。

かくして「縄文人南方起源説」は再考されるべきときが来た。

さらに、当時の古地形を復元する研究からも、このことは傍証できよう。地球が寒冷化して、もっとも海退が進行した最終氷河期（まさに「港川人」や「白保人」の時代に相当）の頃でも、琉球諸島と九州の最南部とは大きな海域で隔てられており、当時の人々が小舟で行き来するのは困難だったろう。それに加えて、その頃の石器の研究では、本州や北海道の石器文化と華北や沿海州あたりのそれとのつながりが強く示唆される。ともかく沖縄の更新世の地層からよみがえった「港川人」や「白保人」を、最初の日本列島人（ＦＪ）の代表のごとく見なすのは難しいようだ。

そんなこんな、いまのところはまだ、本州域での旧石器時代人の化石骨の発見例は皆無に近い。したがって、具体的な人物像を描くまでには到底いたらない。だが「証拠の欠如は欠如の証拠にあらず」。現実には非常に多くの後期旧石器時代の遺跡や石器類が見つかるのだから、日本列島に広く旧石器時代人が分布していたのはまちがいない。考古遺跡や石器類は神様にも作れない。人間だけが製作者たりうる。いつの日か、その製作者たる人々の化石骨が発見されることを願ってやまない。

本州や北海道で実証研究に耐えうる化石人骨が見つかる日までは、日本列島の旧石器時代人たちの人物像について、フライング気味にアレコレと言うのは慎まねばなるまい。彼らの身体特徴を云々するのは時期尚早ではあるまいか。

いずれにせよ、沖縄の「港川人」化石を金科玉条のようにして、定説のように唱えられてきた「縄文人南方起源説」は、いまや、パラダイム・シフトをせまられているようだ。「最古の日本列島人はどこから来たのか」論議で楽しむワインは醸造しなおさねばならないし、新しい革袋を用意しなければならないようだ。

ともかく旧石器時代人については、多くを語ることはのぞめない。ことに本州域では、すこしでも語りうるのは「浜北人」くらい。これについては、一人の若い女性の頭骨に加えて、上肢骨などの断片が残り、「縄文人の変異に入るほどの特徴が認められる」と指摘できる程度なのである（鈴木、1983）。

旧石器時代の化石人骨の宝庫たる琉球諸島の「港川人」「白保人」などについては、「縄文人の祖先とみなしえない」、さらには「のちの琉球諸島人ともつながらない」との言説（高宮、2005）が近頃、有力視されるようになっている。いずれにせよ、琉球諸島には東南アジアの方面から来た人々がいたであろう。

北海道や本州域については、たぶんに状況的にしか語れないが、2－3万年前の最終氷河期（海退期）の頃、北東アジアや東アジアの各地から陸伝いで〈吹きだまり〉のように人々が寄せて来たのはたしかだろう。実際、〈身体変異の塊り〉のような多様な人々がいたのかもしれない。

独特な顔立ちと体形とを育んだ縄文時代の人々（縄文人）

旧石器時代に続くのは、新石器時代である。日本列島での場合、縄文時代とも呼ぶ。むしろ日本では、こちらの呼び方のほうが一般的である。土器が発明され、表面に縄目の紋様が飾られた縄文土器が目立つから、それにちなむ。よく考古学者は、縄文、縄文、縄文……と言って、この時代のこと、人々のこと、土器のことなど、なんでもかでも指すのだが、ときに、とても紛らわしい。

旧石器時代の終わり頃にかけて、東アジア、北東アジア、東南アジアなどの各地からやって来た人々が母胎となって、まさに日本列島で生まれたのが縄文人である。氷河期が終焉、地球が温暖化、海面上昇のため、海進現象が起こり、いまの日本列島と同じような姿となった。あえて「縄文列島」と呼ぼう。

縄文人とは、大陸世界から隔てられた「縄文列島」の独特の恵まれた気候風土に適応するように生まれた人々である。この意味で、縄文人は「どこかから来たわけではない」。むしろ「日本列島で誕生した」とのレトリックが可能である。ともかく、日本列島人の歴史において、実質、開闢の時代を迎えたのだ。

東アジアの周辺では、ほかに類を見ないほどに温暖な気候条件と豊穣な生活環境の「縄文列島」のたまもの、とても恵まれた採集狩猟漁撈の民だったようだ。やがて土器文化が成熟したことで、定住生活が可能となり、園芸農耕活動にも達者になった。あるいは、定住化することで、根菜類や果樹植物の園芸農耕が育まれ、さらに土器文化が発展していったのだろう。

特筆すべきは、漁撈活動に長《た》けた縄文人が出てきたこと。日本列島の漁撈・魚食文化の原点となったであろうこと。当時としては、世界でも有数の「海の民」が、ことに縄文時代の後半、長い海岸線に沿って出現したようだ。海辺や河辺に人口が集中、独特の貝塚遺跡を多く残した。列島全体で20万人規模の人口を有していたようだ。その当時では、地球レベルで見ても、有数の人口集中地域であったと想定できる。だが所詮は、まだ採集経済のさなか、「豊かな縄文人」論とか、「持続可能な縄文社会」モデルなどで語るのは勇み足、いかがなものか。ただ「食い寝て出す」だけの暮らしがあっただけ。「豊か」なる概念があったか否か、それも疑わしい。のちの生産経済の特質たる「欲ぼけの暮らし」とは、ほど遠き人間社会だっただろう。

縄文人の身体は、顔立ちにも体形にも独特の風情があった。すくなくとも古墳時代以降の歴史時代の日本人とも、さらには世界のどの地方の同時代人とも容易に区別できるほどの身体特徴を縄文人は有していた。「現生人類の大海に浮かぶ〈人種の孤島〉的存在である」（百々、2007）との言説は、言い得て妙である（ただ「人種」と呼ぶには語弊があろうか）。

ともかく小柄だが、骨太で頑丈な体形。下半身が発達した体形。大頭大顔、寸詰まりの丸顔。大きな鼻骨と下顎骨、そして彫りの深い横顔は、世界中をくまなく探しても類を見ないほどに特異的である。おそらくは縄文列島に独特の風土が可能にした独特の生活のたまものではなかろうか。

オーストラリア先住民やポリネシア人などに見られるように、ひどく生活条件が異色な場合、あるいは、小さな集団で、外界からながらく孤立してきた場合、独特な身体特徴が育まれることは珍しくない。そんなケースであろうか。だから、古墳時代以降の人々とひどく違ったとしても、系譜関係の断絶を意味しない。いずれにせよ、縄文列島の特異な生活条件を象徴するユニークな人々だったようだ。

縄文人の系譜をめぐるさまざまな仮説

縄文人（かつては、日本石器時代人と呼ばれた）について、彼らの素姓をどう見るか。それこそが、明治の頃から続く〈日本人の起源〉、あるいは〈日本民族の起源〉をめぐる論争のなかでの最大のアポリア（難問）であり続けてきた。彼らは歴史の波間に沈んでしまったのか。のちの日本人の祖先となるも、端役か脇役のような存在でしかなかったのか。はたまた、顔立ちや体形を変えつつも、日本人の歴史の主流であり続けてきたのか。

実は縄文人の身体特徴は、とてもユニークだった。いまの日本人のそれとは大きく異なる。それゆえに最初は、のちの弥生時代や古墳時代に渡来した人々により場末に追いやられたか、置き換わられた存在であったのだろう、と考える「交代説」や「置換説」の独壇場だった。それに異を唱えるように登場したのが、「混血説」であり、「変形説」である。

前者は、ことに弥生時代の頃に朝鮮半島経由で渡来した新参者たちと混血することにより日本人の組成にあずかった、と考える。そして後者は、縄文人こそが日本列島の主人公、時代変化(小進化)をくりかえしつつ、いまの日本人になっていったと考える。

ちなみに混血説にも、弥生時代にドラスティックな混血現象、いうならば「大混血」が起こったことを想定する仮説と、ある地域に限定的な混血現象「小混血」が起こり、それが次第に列島の津々浦々に波及したと想定する仮説とがある。前者の代表が、埴原和郎(東京大学)が提唱した「日本人二重構造論」モデルだが、この説に私自身は素直には首肯できない。むしろ「小混血」が、どの地域で、どんな規模で、どのように起きたか、それが問題の核心なのだろうと考える。

ちなみに、私が「日本人二重構造論」モデルに素直になれない理由は、二項対立的な単純かつ乱暴な図式設定にもある。かたや、在来の縄文人は、南方起源で、東南アジア人的な「南方モンゴロイド」で、スンダドント（南方歯型）の歯。こなた、弥生時代に新来した弥生人は、北方起源で、北東アジア的な「北方モンゴロイド」で、「シノドント」（中国歯型）の歯。このわかりやすすぎるかに見える図式によると、二つの対照的グループが弥生時代に大規模に混血したことで日本人が誕生したことになる。単純明快でわかりやすいが、いささか単純にすぎやしないか。えてして、わかりやすい話には落とし穴が隠れ、難しい話にはこじつけがあるものだ。

「交代説」は、いつのまにか消えていった。混血説か変形説、あるいは、この両者を折衷するモデルが、日本人の成立を考えるには妥当であろう。ただし、混血説の「混血」には語弊がつきまとうので、いただけない。「混合」（ミックス）、もしくは「混交」などの言葉を用いるのが正鵠を射るのではなかろうか。

縄文人は、日本列島で誕生し、日本列島で育まれた

いずれにせよ、縄文人こそが、日本人の基底をなし、根幹にあり、実質的な意味での出発点となったようだ。だからこそいまでも、日本人のアイデンティティの奥底に深く息づく。それこそが私が本稿に託すメッセージなのだ。

彼らのユニークな顔立ちや体形は、「縄文列島」の豊穣な風土のたまもの。一万年もの長きにわたる縄文時代の間に培われたものだ。その前半の縄文人は、ある幅のダイバーシティを示していたようだが、後半になると、地域を問わず均質性が強くなったようで、一人ひとりの変異が小さくなり、地域色が強まることもなかったようだ。彼らに特有の鼻骨と下顎骨、短躯な体形、彫りの深い顔立ちなどは、当時の東アジアの界隈では類を見ない。

「そっくりさん」集団が周辺に存在しなかった理由は明白である。彼らに似た特定の集団が旧石器時代の日本列島に大勢でやって来て、そのまま縄文人になったのではない。北から西から、遠きから近きから、少数の人間が流れて来た。それらの多彩な人間が長い間に独特の風土にマッチしながら、錬金術師がブレンド・ウィスキーを溶け

合わせるように混合融合し、独特の身体特性を誇る縄文人が生まれたのではないだろうか。そんなことを彼らの身体は物語る。

もちろん完新世となり、1万年前の頃からは温暖化のために海進が進み、日本列島が文字どおり列島化した。このことがユニークな縄文人が生まれる必要条件となった。いくら錬金術師が活躍してても、つぎつぎと人間が流入して来たのであれば、独特の身体特徴と生活スタイルを有する集団は生まれようがない。実際には、当時の海は、人間の移動の障碍となるには十分だった。だが、日本列島が大陸から隔絶されただけで縄文時代の風土が形成されたわけではあるまい。

海進の結果、大陸部にはない臨海域が増しに増し、多種多彩な海産資源が潜在する豊かな生活環境が整ったことも、縄文人が生まれる源泉になったはずだ。そうした環境が縄文人を育てる温床となった。大陸世界から長らく孤立し、人々が漁撈民的性格を備えることにより、独特の生活様式が育まれ、独特の身体特徴が育まれ、独特の世界観なども育まれたのではなかろうか。

これまで日本の人類学などは、〈縄文人のルーツ〉とやらにこだわり続け、それを探そうと執着しすぎたのではないか。なにごとにおいてもルーツ（根源）探しは面白いものかもしれない。だが、人間のことに関する場合、執着するのは考えものだ。ときに動きまわり、ときにテリトリーに執着する人間という動物の性癖がゆえに、血筋、筋道、系譜、歴史などの流れは輻輳しやすい。だから、底なし沼に足を取られることになりかねない。そうなると空しくないか。

結局のところ、「旧石器時代に東アジアや北東アジアのあちこちから風に吹かれるように来た人々が縄文人の祖先となった」と結論するほかない。もちろん正論であるが、「縄文人のルーツはアフリカにあった」と答えるのと同じくらいナンセンス、なのかもしれない。要するに「なにもわからない」とお手上げ状態になるのと、ほぼ同義だろう。

これまでの縄文人の根源探し問題の欠陥は、まさにそこにあった。「どこから来たのか」という問題設定そのものが「ない物ねだり」だったのだ。根源が見当たらないか、あるいは、あちこちから来たからだ。これから問題とすべきは、彼らの「暮らしや営みのありかた」、彼らの「生まれてきた道筋」を究めることではあるまいか。逆説的な言いかたをするならば、「縄文人は来なかった」、「彼らは縄文列島で生まれ育った」。同じようなことは、北海道のアイヌについても、あるいは、琉球諸島の人々についても言えるだろう。

「弥生時代人さまざま」論

ところが、弥生時代になると、なにもかもがさま変わりした。水田稲作農耕が生活の基盤となる生産経済が普及するようになる。その結果、河川の平野部に大きな集落を構える生活形態が始まる。当然のこと、人口も徐々に増加。金属文化をはじめとする舶来物が多く輸入されるようになった。

なぜ外来の生活技法が定着、あらたなる文物が導入されることとなったのか。もちろん、大陸側と日本列島との間で交流が始まり、人々の行き来が始まったからである。おそらくは縄文時代の終末期には、そんな状況が生まれようとしていたのであろう。この意味で、日本列島は開国状況を迎えたことになる。いつ弥生時代が始まったか、紀元前千年頃か５００年頃か、近頃、この論争が喧しいが、それにはこだわりたくない。だいたいのところ紀元前5世紀頃、あるいは倭国の始まる紀元前2世紀の頃と考えれば、十分ではないだろうか。

まちがいなく朝鮮半島と対馬海峡とが連なる海峡地帯（いわゆる「一ツ地帯」）をはさむ北九州と南朝鮮とが、開国の玄関口となった。まさに両地域は、一衣帯水の近さにあるわけだ。また、対馬と壱岐が大きな役目を果たしたのは言をまたない。それぐらいの海なら十分に行き来できる「船」がすでに存在していたことを物語る。この海峡地帯が回廊となり、人間も行き来するようになった。古代のイギリス海峡のごとき状況が生まれたのであろう。

弥生時代の中期の頃には、すくなからずの人々が日本列島に渡来したようだ。地球寒冷化が始まる紀元後の頃から東アジアの各地で民族移動が活発となり、その影響が海峡地帯にも波及したのかもしれない。玄界灘に臨海する北部九州や響灘の沿岸部、そのさきの日本海沿岸にある弥生時代遺跡で膨大な数の渡来系「弥生人」の骨が見つかることで、そう推説できる。あるいは大陸側の人口圧が、ボートピープルのように人々を押し出す原因となったのだろうか。

北部九州のあたりは、渡来人が先住の縄文人に数で勝るなりゆきとなったかもしれないが、その他の地域では、そのシナリオは無理筋だろう。瀬戸内海や日本海沿岸でも、海上の道のような海路が延び、渡来人が波及していったのであろうが、近畿地方などはまだ「縄文人もどき」のような人々が多くいた。ましてや、九州の西北部や南部、四国、東海地方の以東以北では、縄文人の末裔のような人たちが主流派をなしていたに相違ないだろう。

かくして、弥生時代の人々の身体特徴はさまざま。豊かな地域性が醸しだされたようだ。北部九州のあたりでは、縄文人的な特徴は薄れるが、一般的にはそうではなかった。また縄文人と渡来人とが「サンドイッチ」のように重なったわけでもない。渡来人の多くいた地域、渡来文化の影響が強かった地域、縄文人の伝統を多く残した地域などなど、生活のあり方、通婚圏の拡大、混血などにより、「弥生人」は多様化した。弥生時代は、縄文時代の延長か、古墳時代の前夜のようであり、歴史時代に向かう過渡期となった。

実際、弥生時代の後半は世相が千々に乱れ、「倭国大乱」の時代だったようだ。いわゆる卑弥呼の時代、古墳時代をはさみ、いっきに歴史時代へと向かう。

弥生時代の日本列島開国

弥生時代を迎えると、俄然、大陸世界から隔絶した「縄文列島」から、開国された「日本列島」のごとき状況が生まれてきた。

日本の歴史において、弥生時代は古墳時代、江戸時代、明治維新などとともに歴史の節目となった。青銅や鉄が伝来され金属器時代を迎えた。新しい生活技術と文化が導入され生産力が向上した。人口が増大し、社会構造が複雑になった。いわば「日本流」の生活様式が根づき、のちの「日本人気質」なるものも芽生えた。縄文時代には蚊帳の外にあった「大陸世界」が意識されるようになっただろうから、「日本流」が相対化できることになったわけだ。

こうした変化がゆえに、人間の側も一変したのか。まちがいなく、そうではあるまい。生活や文化の中身が一変したのか。たぶん、そうでもない。新たなる文物が多種多様大量に輸入されたのか。これも疑わしい。伝来文物は、さほど多くはなかったろう。多くはなかったが、人々の生活には絶大なる影響を及ぼした。おそらくは、そんなところだろう。日本人の歴史ということでは、所詮、たんなる過渡期にすぎなかった。そんなところだろう。

その頃、大陸部では文明社会が広がり人口が増加し、社会情勢が混乱、人々の往来が活発化した。それと同時に、海上移動の手段が急速に発達したのであろう。だから対馬海峡の周辺の海峡地帯でも人々の行き来が盛んになった。東方の海上にある日本列島に関する情報も伝わっていったであろう。なにしろ、秦の始皇帝の命を受けた徐福が大勢の若者を率いて日本に来住したとの伝説が生まれたほどの時代だ。大陸世界と日本列島の間で人物交流のチャンネルが開通したことは想像に難くない。

海峡地帯に面した玄界灘や響灘の沿海域。その地域の中心となった北部九州、さらには山口県などの日本海沿岸の一帯では、すぐに大陸から水田稲作農耕などの生活技法、金属文化などが伝来、普及、定着した。

ともかく大陸風の生活体系が活発に導入されたために、「縄文の酒が新しい革袋に詰め替えられる」がごとき新陳が混合する状況が生まれたにちがいない。人々の交流も促進され、北部九州の界隈などには、外来者たちのコロニーが多く生まれたことだろう。このことを如実に物語るのが、半島系の文物あふれる遺跡群であり、たとえば、半島系の支石墓などの輸入文化である。金属器の遺物を伴う集落遺跡群である。そして、そこから大量に見つかる渡来系「弥生人」たちの遺骨群なのである。

海峡地帯を渡る：風と船と人々と

いまでは厳しい国境線が対馬海峡の間を走る。だから、彼我の遠近感は歪められ、ルーペで拡大されたように、頭のなかの地図は間延びしている。でも実際には、ここらでは、日本列島と大陸とは〈一衣帯水〉の近さ、もっとも接近する地域である。

弥生時代になると、ここには平穏な海路が開けた。波穏やかな季節には、人々がフリーパスで行き来したことだろう。そんな状況が江戸時代になる頃まで続いたのではあるまいか。どの時代にも、多かれ少なかれ渡来人がいた。その影響は弥生時代に限定されることなく、倭寇の時代まで続いたと考えるべきだろう。

この海路はやがて、日本海沿岸を北へ伸び、瀬戸内海から近畿まで伸びた。日本列島が鎖国の世を迎えるまでは、さながら回廊のように、日本列島の中枢部と朝鮮半島とをつないでいたはずだ。すくなくとも九州と琉球諸島との間より、はるかに近く、間延び感もなく、海流も波風も強くない。

この海峡地帯、たとえばイギリス海峡にもなぞらえられよう。そこでも金属器時代となると、人間と文物の動きが活発になった。高きから低きに流れる傾向をもつ文化の伝播伝達は、初めの頃、イギリス諸島のほうに流れただろうが、人間の流れは緩やかで、一方向的に起こったのではないだろう。

そもそもイギリス諸島には先住民がいたが、そこに鉄器文化をもつケルト人が大陸からやって来た。さらにアングロ・サクソン系のグループが侵略したのだとする図式が、かつては常識とされてきた。しかしシナリオは改められ、実際に海峡を渡って来たのはケルト人ではなく、斬新な鉄器文化であり、その伝播者の渡来も実は少なく、新しい文化の影響で先住民がケルト人に変容したのだろう、とのこと。さらにアングロ・サクソンとは、征服王朝の仕組みのこと、と書き改められている。

それと同じような状況が、弥生〜古墳時代の頃に、この海峡地帯をはさんでもあったのではなかろうか。人間と文物とが往来する状況が生まれたが、ことに人間のそれは、かならずしも一方向的ではなかった。ならば、弥生時代に疾風怒濤のごとく大陸人たちが押し寄せて来たかどうか、疑わしい。それよりも、古墳時代にかけて、大陸方面から征服王朝的な政治システムが導入されたのではないか、との議論のほうが当を得ているのかもしれない。

かつて「騎馬民族論」が一世を風靡したが、もちろん〈「騎馬民族」は来なかった〉のだろうが、統治システムは導入されたかもしれない。日本列島に重層構造社会が生まれるきっかけとなり、国家形成へと進んだ。ようするに、渡来人の問題は、日本人の民族形成の文脈で論じる問題ではなく、国家形成の文脈で論じる問題なのではなかろうか。「日本列島吹きだまり論」なるパラダイムで国家形成の問題を再考するのも一興ではなかろうか。

日本人起源論と日本文化起源論とは、紙の表裏にあらず

「日本列島吹きだまり論」とは、日本の文物や風習はほとんど、外の世界からの漂着

物か借り物、人間もたいてい、どこかからの流れ者の系譜に連なるのだとする思考法である。

これに「多くの文物が伝播したからには、大量の人間が流入したはず」とのテーゼが重なると、どうなるか。たしかに弥生時代には、のちの日本文化を特徴づける文物が多く伝来した。それをなしたのは大量の渡来人だ。ゆえに、弥生時代には大勢の渡来人が存在したはずだ。そんな三段論法がまかり通る。そこから縄文時代ではなく、弥生時代こそが、日本人が生まれ、日本流の生活文化、経済、政治システムが根づいた時代だとする歴史観が生まれた。さながら疾風怒濤のごとく渡来人が押し寄せたから「日本人」が成立し、彼らが新しい文物を持ち寄ったから「日本文化」が成立したのだ、と考える思考法。つまり、日本人の起源と日本文化の起源とを紙の表裏のようにみなすパラダイムである。

この思考法は、いささか単純にすぎやしないか。異議をはさむほかない。現実には、日本人起源論の論争で最初に地歩を築いた「交代説」は否定できる。縄文人が雲隠れ、雲散霧消して、弥生時代の渡来人が総入れ替えしたわけなどない。

弥生時代の渡来人は実は、海峡地帯の周辺のみで存在していたにすぎないようだ。たしかに弥生時代の日本列島に、目新しい生活技術や文物が急速に流入したかもしれないが、それは、たんなる文化伝播か情報伝達の問題。文化伝播ならば、「利あり益あり」すれば、即それにスイッチされ、すぐに流行することがありうる。人間の移動と重ねなくとも、文化の大流行は説明しうるのは、古今東西の多くの事例が物語るところだ。いずれにしても、日本人の起源論と日本文化の起源論とを混同してはならぬ。たしかに弥生時代、日本文化のあり方が形づくられる、ひとつのエポックとなっただろう。その後の日本史を左右する「文化要素」が多く輸入された。だが、それと同時に、日本人の「身体要素」が確立したかとなると、そうとは言えないようだ。

縄文人と弥生人との間で、たしかな身体変化があった、との言説がまかりとおるが、それは、海峡地帯の日本列島側にあたる北部九州の遺跡や土井ヶ浜遺跡などで出土する人骨を代表選手のように考える場合の話であることは、すでに述べたとおり。全国各地の「弥生人」骨を総合すると、別のストーリーが成り立つ。土井ヶ浜遺跡などでは新参の渡来人の人骨が多いようだが、他の地域では話は別。ひろく日本列島に敷衍することはできないようなのだ。

そもそも文化や社会の現象は、色模様のビー玉を混合するがごとく。そのビー玉の一つひとつが、いわば文化要素なのである。いくら時間が経っても、色あせたりはしないし、大きさや形も変わらない。あと追いしやすいから、日本文化の起源の問題のほうが説明しやすい。

ところが、日本人の成立に関する問題は、そうはいかない。時間が経過し、人々の混合混血が進むとともに、まるで油絵の具をかき混ぜるように変色し、混沌としてくる。「身体要素」をマークし、さかのぼり追い求めるのは難しい。たとえゲノム（DNAの総塩基配列）を調べても同じこと。その変化の様子を容易にあと追いできるとは思えない。それに産地マークとか、個人コードとか、そんなものもあるわけがない。

そもそも身体形質は、生活基盤が変われば、人口増加を伴い社会構造が変動すれば、ときに激しく変化する。それに文化要素は容易に置き換わることがあるが、人間の身体形質の骨子たるべき身体要素はそうはならない。おおむね、とても保守的である。保守的なのに、いつ、どのように、なぜゆえに、特定の身体要素が増減したかを過去に遡及していくのは難しいのだ。

参考文献

海部陽介・藤田祐樹「旧石器時代の日本列島人――港川人骨を再検討する」、『科学』80巻4号、岩波書店、2010
片山一道『骨考古学と身体史観：古人骨から探る日本列島の人びとの歴史』、敬文舎、2013
片山一道『骨が語る日本人の歴史』、ちくま新書1126、2015
片山一道「日本ネシア人：形質人類学からみた日本列島人の成立」、別冊『環』25号、29－33頁、藤原書店、2019
篠田謙一『DNAで語る日本人起源論』、岩波現代全書073、2015
鈴木尚『骨から見た日本人のルーツ』、岩波新書、1983
高宮広土『島の先史学：パラダイスではなかった沖縄諸島の先史時代』、ボーダーインク、2005

百々幸雄、川久保善智、澤田純明、石田　肇「頭蓋の形態小変異からみたアイヌとその隣人たちⅠ」、Anthropological Science (J. Series), 120-1, 2012
松浦秀治・近藤　恵「日本列島の旧石器時代人骨はどこまでさかのぼるか」、『考古学と化学をむすぶ』所収、東京大学出版会ＵＰ選書、２０００

第二章

考古学で読み解く日本人の起源

ホモ・サピエンス以前に日本列島へ人類は来たのか？

著／長﨑潤一（早稲田大学文学学術院教授）

日本列島最古の遺跡はどこか。そして彼らはどこから来たのか。

日本列島人の起源をめぐって、研究者は2つの立場に分かれている。1つは3万8000年前にホモ・サピエンスが列島に舟で渡来したのが最初の入植であり、それ以前は無人の列島だった、とする考えであり、もう1つはホモ・サピエンスの渡来以前に列島に居住した人類がいて、その後にホモ・サピエンスが渡来した、とする考えだ。

本稿ではまず旧石器時代の環境や人類のくらしについて述べ、上記の列島人起源論について旧石器考古学の視点から解説したい。

旧石器時代の環境

縄文時代はおよそ1万6000年前に始まると考えられている。その前の時期1万6000年前〜3万8000年前が日本列島の後期旧石器時代とされる。旧石器時代は氷河時代（更新世）であり、現在よりも寒冷乾燥な環境下にあった。氷河時代と言っても、ずっと寒いままというわけではない。近年、氷床コアなどの分析から、氷河時代は従来考えられていたよりも急激な寒冷化・温暖化の変化が認められ、氷期（寒冷期）と間氷期（温暖期）が繰り返されていた。人類はこうした環境激変期を生き抜いた。

氷期には、東京近郊が現在の札幌くらいの年平均気温であったと考えられている。旧石器時代の朝鮮半島や中国北部は草原が卓越する環境であったが、日本列島は大陸とは少し異なった森林の多い環境にあった。

後期旧石器時代の最寒冷期（2万4000年前前後）であっても、北海道西半から東北地方や中部高地には寒温帯針葉樹林が生え、関東平野以西の平野部は冷温帯落葉広葉樹や針葉樹の混じる植生だった。また瀬戸内海沿岸地方は落葉樹と針葉樹の混交林、黒潮の洗う南九州から関東の太平洋沿岸にはシイ・カシ等の照葉樹林があった。大陸とは異なる九州・四国・本州の森林が卓越する環境は「変化の穏やかな森の国」と表現されている（河村２０１４）。

旧石器時代の日本列島のかたち

氷期の寒冷な環境下では、海洋から蒸発した水分は陸氷として固定されるため（氷床・氷河の拡大）、海水面は低下する。２万４０００年前の最寒冷期には現在の海水面より１２０ｍほど低下した。水深の浅い海（大陸棚）は干上がって、世界各地で陸橋ができた。こうした陸橋は動物や人の移動を容易にした。渡海技術がなくても、現在島となっている地へ移動できたのである。そして間氷期になると海水面は上昇し陸橋は消滅する。氷河時代はこれが繰り返された。

４万年前～２万年前頃の日本列島のかたちをみてみると、瀬戸内海はなく、九州・四国・本州は陸続きの一つの島（古本州島）となった。間宮海峡と宗谷海峡の水深は浅いため、沿海州・サハリン・北海道は長期間繋がっていて、大陸から延びる古サハリン北海道半島となっていた。

津軽海峡は深いため、2万4000年前の最寒冷期にも北海道と本州に陸橋はできなかった（ただし氷橋ができてステップバイソン・ヘラジカなどマンモス動物群の一部が古本州島へ渡ったらしい）。マンモスの化石骨は北海道各地で発見されるが、本州では現在まで見つかっていない。

北海道の後期旧石器石器群は大陸との共通性が強く（細石刃《さいせきじん》石器群が約2万5000年前から展開する等）、古本州島の後期旧石器石器群とは異なる変遷をたどるのは、こうした地理的要因が大きい。

PROFILE

長﨑潤一（ながさき・じゅんいち）

早稲田大学教授（文学学術院文学部）。文学博士。日本考古学協会所属。早稲田大学文学研究科史学（考古学）専攻、早稲田大学教育学部社会科地理歴史専修。専門分野は北方考古学、旧石器考古学。「旧石器時代の石斧」、「北海道の旧石器遺跡」について、研究に取り組む。早稲田大学埋蔵文化財調査室助手、日本学術振興会特別研究員（ＰＤ）、静修女子大学（校名変更により札幌国際大学）助教授、札幌国際大学教授などを経て、２０１０年から現職。

対馬海峡は深いのでここ13万年間、陸橋となったことはない。しかし化石動物相の研究から、約63万年前と約43万年前の寒冷期には中国中・北部・朝鮮半島と列島の間に陸橋が形成され、動物群が渡来したという（河村２０１４）。なお19万年前〜13万年前も寒冷期であり陸橋の存在した可能性があるが、地質学・地理学での陸橋への言及は少なく詳細は分からない。

旧石器時代の人類の暮らし

旧石器時代の人類は、激変する環境の中で狩猟採集を生業として暮らしていた。寒冷気候のため日本列島にもナウマンゾウやオオツノジカ、ヘラジカ、オーロックス、ステップバイソンといった大型哺乳類が生息していた。北海道ではマンモスゾウが闊歩していた。もちろんノウサギやニホンジカなどの中小型の哺乳類もいた（河村２０１４）。こうした動物を狩猟対象としていたのだろう。

ただし日本列島は火山灰を含む土壌が広く分布し、こうした土壌は酸性であるため動物骨などの有機物を溶かしてしまう。日本列島では旧石器時代の遺跡で動物の骨が出土する例はきわめて少ない。

例外は石灰岩洞窟のある石垣島・沖縄本島など南の島々で、人類化石も発見され、貝、動物骨も出土している。沖縄県サキタリ洞遺跡では1万2000年前、3万年前の人骨化石、石英製の石器（3点）、加工した貝器、世界最古2万3000年前の釣り針等の豊富な出土品が注目された（藤田2019）。モクズガニやウナギも食べていたことが分かっている。なんとも豊かな食生活である。石垣島空港敷地内で見つかった白保竿根田原《しらほさおねたばる》洞穴遺跡では2万7000年前の19体以上の人骨化石が発見され、墓域だったと考えられている。石器は出土していない。南島の洞窟遺跡では骨は残るが、古本州島の石器群との比較研究ができるほどの石器群が検出されない。

慶應義塾大学の調査する青森県下北半島の尻労安部《しっかりあべ》洞窟ではウサギの歯や動物骨と石器（ナイフ形石器と台形様石器）が共伴した。国内ではこうした石器と動物骨との共伴例はきわめて珍しい。旧石器人と言うと大型哺乳類を狩猟するイメージ画が博物館などに掲げられていることが多いが、カニや貝、ウサギなど、地域の生態に応じて多彩な資源を利用していることが分かる。

植物資料も溶けてしまい遺跡で発見されることは少ないが、堅果類、マツの実やベリー類、根菜など植物質食料も採集していたに違いない。鹿児島県種子島の立切遺跡と横峯C遺跡の種Ⅳ火山灰（3万5000年前）の下位から、刃部磨製石斧や台形様石器、鋸歯縁石器が見つかっている。立切遺跡では土坑や炉跡、礫群が検出され、横峯C遺跡でも礫群が検出された。どちらの遺跡でも磨石、台石、叩き石などの礫石器が多数出土していることは興味深い。立切遺跡のこうした石器からは残留デンプン粒が検出されており、動物質食料よりも植物質食料に依存した暮らしがうかがえる。種子島は旧石器時代にあっても照葉樹林が広がっていたので、まるで縄文時代のような植物質食料への依存が後期旧石器時代初頭にみられるのだろう。

移動式テントを立てて居住した

縄文時代早期以降、縄文人は地面を掘りくぼめた竪穴式住居に住み、定住集落を形成する。一方、旧石器時代の人類は定住しなかった。旧石器人というと何となく洞窟に住んでいるイメージがあるかもしれない。現在までに日本列島では1万5000箇所以上の旧石器時代遺跡が見つかっている（日本旧石器学会HPに日本列島旧石器時代遺跡データベースがある）が、ほとんどが開地遺跡である。そうした場所では石器を製作し使用した痕跡が発見される。炉や礫を焼いて調理に使った跡が見つかることもある。

後期旧石器時代には、台地の縁辺など見晴らしがよく、水の得やすい場所に、移動式のテント（動物の毛皮製だっただろう）を立てて居住した。彼らは食料資源が枯渇しないように、一箇所に長期間住み続けることはせずに、移動していた。しかし当てもなくさまよう放浪生活ではなく、季節的に偏在する動物・植物資源についての知識を駆使しながら、一定の領域（テリトリー）内を小集団（数家族程度だっただろう）で計画的に移動していたと考えられる。こうした生活を遊動生活と呼ぶ。彼らは領域内の動物・植物資源だけでなく、石器製作に適した石材の産地などの情報にも精通していた。狩猟採集活動で領域内を移動する合間に石材産地へも立ち寄って石材を補給していたようだ。こうした領域（テリトリー）は時代とともに変遷する。石器石材や石器の特定型式の分布などから、領域を推定する研究も行われている。

湧水地点を見下ろすような台地の縁辺は旧石器人に繰り返し利用された。高台から動物の群れの動きを見張ったり、狩猟道具の製作や補修、毛皮の皮なめしや衣類の縫製もしたことだろう。狩猟した動物の解体や分配が行われたかもしれない。

同じ集団がしばらくあちこちを遊動して再び同じ場所にキャンプをすることもあったようだ。石器の接合から同じ集団の遺跡の再利用が判明している例がある。また数千年を隔てて同じ場所が利用されると、その間に火山灰や黄砂が少しずつ（給源火山に近い場合はかなりの厚さで）堆積しているので、遺物が上下差をもって出土する。こうした遺跡は重層遺跡と言われる。東京都小平市の鈴木遺跡は石神井川の源流のためか、3万5000年前から2万年間にわたって断続的に利用され、多量の石器や焼礫が残された。

後期旧石器時代前半期の遺跡

後期旧石器時代は前半期と後半期に分けられる。現在の鹿児島湾はカルデラに海水が浸入したものである。このカルデラは3万年前の巨大噴火によって形成された。この噴火は広範囲（九州〜東北地方、朝鮮半島、ロシア沿海州）に火山灰を降らした。この火山灰を姶良丹沢《あいらたんざわ》パミス（AT）と呼ぶ。日本ではATの下位で出土すれば後期旧石器時代前半期、上位で出土すれば後期旧石器時代後半期と判断される。約3万年前で区分するのである。

前半期は、放射性炭素年代測定法による年代（暦年較正済み）で3万8000年前〜3万年前となる。この前半期は氷河期の中でもやや温暖な時期（MIS3後半）から徐々に寒冷化する時期に当たる。後半期は寒冷な時期（MIS2）で2万4000年前には最寒冷期となり、その後は短い寒冷期を挟みながら温暖化する。

日本列島の後期旧石器時代前半期には世界的にも珍しい文化現象がいくつも見つかっている。

旧石器集団がキャンプ地で何らかの活動をしたり、石器の製作やメンテナンスをすると、石器屑が生じる。石器の素材となる剝片や数㎜の微細な石屑、使用済みの石器を捨てていくこともある。数十点から数百点ほどの石器や石器屑が径3〜5ｍの範囲にまとまって出土する。これがブロック（石器集中部）である。旧石器時代遺跡では石器はこうしたブロックで出土することが多い。台地上に数m～10mほど離れて不規則に分布するのが普通である。

後期旧石器時代前半期前葉（3万6000年前～3万3000年前）には、ブロックが直径20～60mの円形（ドーナツ状）に並んで分布する「環状ブロック群」というキャンプ跡（居住地）が見つかる。分散して暮らす小集団が何らかの理由で集まったらしい。秋田県地蔵田《じぞうでん》遺跡、群馬県下触牛伏遺跡、栃木県上林遺跡、長野県日向林B遺跡、千葉県墨古沢《すみふるさわ》遺跡など東北地方から九州地方まで分布するが、関東地方で多く見つかっている。環状ブロック群は前半期後葉にはほとんど見られなくなる。

親族集団の結びつきを維持するために定期的に集住したのか、特定の季節に大型獣を狩猟するためにいくつかの集団が集まったのか。ブロック間で石器の接合や石材の共有が認められる例が多いので、長期にわたって形成されたというより、比較的短期間に残されたと考えられている。

また石材産地の研究から、この前半期前葉は集団が古利根川の下流から上流までといった関東平野全体を遊動範囲とし、周辺山地の石材を利用するような広域遊動が認められる。広域での遊動は嫁婿の交換や資源情報の交換といった点で、定期的な集合が必要となる。親族集団の結びつきを強めるため、情報交換のため、広域遊動型社会には環状ブロック群のような集住が時々必要だったのかもしれない。

陥し穴と石斧に見る時代性

次に陥し穴である。縄文時代になると各地で作られる狩猟用の陥し穴が、静岡県愛鷹山麓・箱根山麓、神奈川県三浦半島などの太平洋沿岸部で、旧石器時代前半期後葉の遺跡から見つかる。深さは深いものだと人の背丈ほどある。縄文時代の陥し穴とは異なり、旧石器時代は台地の上に列状に並んで構築され、60基を数える遺跡もある。縄文時代の陥し穴の平面形は小判形か長楕円形が多いが、旧石器時代の前半期の陥し穴は円形の平面形が多い。

神奈川県横須賀市の船久保《ふなくぼ》遺跡では、2018年の調査で前半期の新旧2時期の陥し穴列が見つかった。古い時期は従来から知られた円形。そして新しい時期の陥し穴は長方形の平面形だった。まるでスコップか鋤で掘ったように掘られた綺麗な長方形の平面プランには驚かされた。どんな道具で掘削したのか。どちらの時期の陥し穴も列状に並んで構築されていた。こうした陥し穴が、どんな狩猟に用いられたのか。待つだけなのか、追い込み猟なのか。列配置の陥し穴は後半期には作られなくなってしまう。

陥し穴と環状ブロック群が時期的に入れ替わるようにみえるのは、前半期前葉の広域遊動型社会から、前半期後葉の地域ごとに分節化された地域社会編制への変化に起因している可能性もある（佐藤2002）。より狭い領域の地域社会へ社会が編制されていく中で、愛鷹山麓や箱根山麓が陥し穴猟の猟場として地域集団によって承認された場所として利用された可能性もある。

さて最後に刃部磨製石斧である。旧石器時代の刃部磨製石斧はオーストラリアと日本列島でしか見つかっていない。日本ではすでに250近い遺跡で、800本以上が見つかっている（橋本2006）。磨製技術は一般的には新石器時代の石器に用いられる技術であり、旧石器に用いられることは世界的にみても珍しい。この刃部磨製石斧も後半期（最寒冷期の前後の時期である）になると全く見られなくなり、再び登場するのは縄文時代直前期である。なお北海道の前半期石器群は刃部磨製石斧を伴わない。

この石斧《せきふ》の用途が何かは大きな研究課題である。以前は大型獣の解体具であると主張する研究者もいたが、脂肪酸分析が動物種同定に使えないことが判明し、その根拠は薄れた。やはり当初から言われているように木材加工が主たる用途だろう。弥生時代や縄文時代の磨製石斧と較べると、旧石器時代の刃部磨製石斧は研磨範囲も小さく、石斧自体が薄い。木材の伐採に適しているサイズ（重量）ではない。

「周辺大陸で見つからないことから、列島に入ってきたホモ・サピエンスが「変化の穏やかな森の国」（河村２０１４）とされた列島の環境に適応し新たに開発した石器ではないかと考えている。石斧刃部の使用痕分析では、皮なめしの使用痕が見つかることもあるが、本来的用途は木材加工なのだろう。刃部を研磨するのは労力が必要だし、研磨刃部に適した石材を選んでいる。こうした研磨刃部は木材加工に適している。

旧石器時代最古の刃部磨製石斧を出土したオーストラリアの遺跡を調査している研究者クリス・クラークソンに石斧の用途を尋ねたら「ハチミツ採取で木登りをするた

め」と答えたのには驚いた。斧で枝を払いながら木に登りハチミツを採るアボリジニの民族誌からの類推と言う。オーストラリアは旧石器時代を通して刃部磨製石斧を使う地域で、日本列島とは少し状況が異なる（鈴木2018）。

日本列島の旧石器時代後半期は寒冷期となり、草原環境が拡大し木材種が変わることが後半期に刃部磨製石斧がなくなる理由なのかもしれないが、地域植生がもう少し解明されないと詳しいことは言えない。

石器群の変遷

前半期の石器群の変遷をみておこう。

前半期最初期（3万8000年前～3万6000年前）の石器群をみてみると、石器は礫器、刃部磨製石斧などの大型名器と、不定形剝片を素材とする小型石器（削器、ドリル、切断剝片等）などである。東京都武蔵台遺跡、鈴木遺跡御幸第1地点、堂の下遺跡、静岡県井出丸山遺跡、熊本県沈目《しずめ》遺跡、石の本遺跡、鹿児島県種子島立切遺跡、横峯C遺跡などがこの時期の遺跡である。このうち井出丸山遺跡、沈目遺跡、石の本遺跡では黒曜石が石器に使用されていた。こうした遠隔地産石材の使用は、良質石材産地の開発、数百キロの長距離の運搬、特定石器へ遠隔地産石材を利用するという選択性など、世界各地で確認されるホモ・サピエンスの行動的特徴の一つである。この時期の最古段階に、赤城鹿沼軽石の直上で出土した栃木県向山《むこうやま》遺跡、寺野東遺跡など、切断調整で小型石器の加工をする一群を置くことができるかもしれない。この一群は刃部磨製石斧を組成しない。

次の段階では台形様石器という横長幅広剥片を素材として槍先に用いる小型石器が登場し発達する。前述の環状ブロック群の時期である。この台形様石器は前半期に特徴的な石器で、後半期にはなくなってしまう（九州を除いて）。また石核の小口面で石刃・縦長剥片を剥離し、その基部に加工を施した槍先用の中型石器である尖頭形石器（ナイフ形石器）が現れる。ユーラシア大陸に広く分布する石刃技法が日本列島に初めて登場するわけだ。尖頭形石器（ナイフ形石器）は形態や製作技術に変化はあるものの、後半期にも継続して用いられ盛行する石器である。台形様石器は周辺大陸で見つかっていない。尖頭形石器は、大陸にも似た石器はあるものの、やはり列島内で発展したものである。この時期の南関東や静岡県の台形様石器や尖頭形石器に、しばしば神津島産の黒曜石が使用される。神津島は寒冷期でも本州とつながったことはないので、神津島産黒曜石は渡海しなければ利用できない。3万6千年前のホモ・サピエンスの渡海能力を証明する事実である。

次の段階は石斧と台形様石器に加え、石核周縁で縦長剝片・石刃を剝がし、それを素材とする二側縁加工の尖頭形石器（二側縁加工ナイフ形石器）が登場する段階である。石刃を自由に剝がす各種の石核調整技術が揃う時期である。この段階の後半、弧状の一側縁に刃潰しを施す尖頭形石器が現れる。東北地方や日本海側ではこれらの尖頭形石器は使われず、基部加工の尖頭形石器のままである。地域性が顕在化するのだ。

次は前半期後葉の石器群で、打面幅の広い大型石刃を素材として尖頭形石器を作る。この段階では石斧は数を減らしあまり出土しなくなる。

そして次の段階はATの層準で、中小型の石刃を見事に連続して剝離する発達した石刃技法となる。その石刃で二側縁加工の尖頭形石器を作る。関東地方では信州系黒曜石の利用率が圧倒的に高くなる。これで前半期は終わる。関東に隣接する東海地方では、黒曜石を用いるが関東とは少し型式の異なる尖頭形石器が出土する。東北地方はやはり基部や先端の一部に加工した尖頭形石器を使う。地域ごとの分節化が進み、隣接する地域で石器の型式が異なるようになる。小地域社会が成立するようである。

捏造事件と列島人起源論

1980年代前半から2000年までの調査によって、前期旧石器時代の50万年前に原人段階の人類が列島にいたとされていた。しかし2000年、それらの遺跡がある人物によって捏造されたものであることが発覚した。その後、学会をあげての検証が行われ、二十数年間の捏造行為が明らかとなり、捏造者関与の前期・中期旧石器遺跡は全て学術資料として使えないと宣言されるに至った(日本考古学協会 2003)。

捏造事件以後、後期旧石器以前の可能性のある資料群とは距離を置き、放射性炭素年代と火山灰層位、出土状況(発掘調査によって出土状況が明確)や出土石器(人工品であることが確実)の点から、明確な後期旧石器だけを歴史資料とする消極的な態度が多くの研究者にも顕著となった。現在、列島最古の遺跡は前述の後期旧石器時代前半期初頭の3万8000年前の遺跡であると考える研究者が多い。近年、中国などで3万8000年前以前の人類化石が報告されていて、東アジアに到達したホモ・サピエンスの年代と矛盾しない。

しかし、捏造者の関与しない後期旧石器以前と考えられる遺跡、捏造遺跡以前に見つかっていた遺跡、捏造事件以後に見つかった後期旧石器以前の様相を示す遺跡など、4万年前以前の年代の可能性がある資料群は存在している。古くは1960年代から芹沢長介によって発掘調査された遺跡（早水台《そうずだい》遺跡、星野遺跡など）であり、相沢忠洋らによって採集された石器群であり、近年では松藤和人らによって調査された砂原《すなばら》遺跡などである。もちろんこれらの資料に問題がないとは言わない。しかし多くの研究者による検討が必要なのではないか。こうした中で、事件前から一貫して中期旧石器時代、中期から後期への移行期の石器群について言及する数少ない研究者が佐藤宏之である。

佐藤は、福島県平林遺跡、栃木県星野遺跡探検館地点（採集資料）、群馬県権現山遺跡第2地点（採集資料）、静岡県ヌタブラ遺跡、長野県竹佐中原遺跡A～C地点、

同石子原遺跡、広島県下本谷遺跡、宮崎県後牟田遺跡第Ⅳ文化層、大分県上下田遺跡第2文化層を中期旧石器から後期旧石器への移行期（3万8000年前〜5万年前）と位置づけて石器群の変遷を説明し、さらに古い中期旧石器時代の遺跡として、岩手県金取遺跡、同柏山館《かしやまたて》遺跡、長崎県入口遺跡、島根県砂原遺跡、大分県早水台遺跡、宮崎県後牟田《うしろむた》遺跡、熊本県大野遺跡群などをあげ、さらに20万年前を超える可能性のある前期旧石器時代遺跡として愛知県加生沢《かせいざわ》遺跡（採集資料）をあげている（佐藤2017）。

これらの遺跡では黒曜石など遠隔地産の石材は用いられず、石材産地近傍に立地する遺跡が多い。平坦な台地でなく丘陵から山間部などの斜面地に立地するなど、後期旧石器時代の遺跡とは異なる点がある。後期旧石器ではあまり使われない硬度の高い石材を用いる石器群もある。大型の礫器ばかりだった不定形剥片を素材とする中型・小型石器、定形的な剥片石器の希薄な石器群もある。ローム層断面からの抜き取りで、発掘でなく採集資料だけの遺跡もある。

年代の根拠については、火山灰層に恵まれて確度の高い石器群もあれば、年代根拠に乏しい石器群もある。放射性炭素年代法の測定年代の限界近くもしくは限界を超えていて、精度の劣る理化学年代しか得られていない遺跡も多い。資料中に自然礫や自然破砕礫が含まれる資料もある。砂原遺跡が最近注目を集めているが、標高20数mという低い標高からの出土で、間氷期の高海面期であったことを考えると、ヒトが居住するような場所ではない。

岩手県金取遺跡は発掘資料であり、大型の礫器と小型の剝片石器という組み合わせの石器群で理化学年代的根拠もあり、5万年前という年代も多くの研究者が信頼性が高いと考えている。ただ、類似資料はない。栃木県星野地層たんけん館地点資料は工事掘削作業中に赤城鹿沼軽石の下位（約4万年前）で採集した資料であるが、層位別に採集され、基盤礫層とは異なる石材の石器があり、加工の明瞭な小型石器もあって注目しておきたい。

早水台遺跡資料は古くから議論されてきた石器群である。資料中に明らかな自然破砕礫から小型で明瞭な加工痕のある剝片石器までがあり、粗粒の石材の石器はどこまでが自然営為で、どこからを人工品とするのか判断の難しい資料である。

これらの資料群に対し、多くの石器研究者は懐疑的で、慎重な姿勢をとっている。捏造事件以後、あえてこうした資料に向き合うことはない、と距離を置く。確かに後期旧石器時代の資料とは様々な点で異なり、資料数も少なく、制約のある資料も少なくない。ただこうした資料に向き合わなければ、後期旧石器以前に列島にヒトがいたかいなかったかは解明できない。

琉球諸島と北海道

日本列島への入植には3つのルートが想定される。台湾から琉球諸島を経て古本州島へヒトが入ってくるルート。石垣島、沖縄本島などでは3万年前の人骨化石が発見されている。島々に人は住んでいた。渡海技術がないと渡れないルートである。

2019年7月、国立科学博物館の海部陽介人類史研究グループ長らの台湾から与那国島への丸木舟での渡海実験は成功した。丸木舟が後期旧石器前半期の石斧の複製品によって製作されたことも意義深い。台湾から与那国島は見える。宮古島まではどの島からも隣の島が見えるので渡れるだろう。しかしケラマギャップ（宮古島から沖縄本島）は隣の島が見えない。沖縄本島に渡るためには、見えない隣の島へ渡る技術が必要である。旧石器人もそんな技術を持っていたのだろうか。

神津島産黒曜石は後期旧石器前半期の最初期から使われているので、3万6000年前には一定程度の渡海技術があったことは明らかだ。伊豆半島から神津島は見える。見える場所への渡海は、確実に行えるのだ。問題は見えない島、である。逆に古本州島から沖縄へ渡れるのか、種子島から沖縄まで隣の島は見えるそうだ。沖縄本島の旧石器化石人骨が古本州島から渡ったヒトである可能性は捨てきれない。古本州島の石器群と比較可能な石器は、徳之島を南限としている。徳之島では台形様石器が出土している。種子島の刃部磨製石斧も南から来た文化なのか、古本州島から南下したものか不明である。旧石器化石人骨の出土している沖縄で古本州島と比較可能な旧石器が出土したら、いろいろ見えてくるかもしれない。もちろん化石人骨のDNA解析には大きな期待を持っている。

北のルート北海道経由はどうだろうか。大陸と長期間陸続きであり、歩いて北海道まで渡れる。しかし北海道で最古の石器群は帯広市若葉の森遺跡で3万3000年前

〜2万8000年前程度であり、石刃も持っていない。もっと古い年代の遺跡が見つからないと、北のルートからの渡来は最古とならない。

しかし北のルートは別の意味で重要だった。後期旧石器後半期の最寒冷期に北海道には細石刃技術を持った人々が大陸から入ってきた。寒さを避けてシベリアから南下したのだ。彼らは一定の量の石材から多量の槍を作る技術を持っていたし、大型獣を自在に狩れる優秀なハンターだった。やがて旧石器時代が終わりに近づき、温暖化が進むと北海道で寒冷期を過ごしたハンターの末裔は再びサハリンを経由してシベリアへと進んだ。そして彼らのうちからベーリンジア（陸橋）を経由して、アメリカ大陸に初めて渡った者がいたのではないか、という仮説がアメリカの研究者テッド・ゲーベルらによって提唱されている。

最古の入植者はだれか

冒頭で示した列島人の起源についての2つの立場の話に戻ろう。無人の日本列島に3万8000年前に朝鮮半島経由で海を渡って日本列島にホモ・サピエンスが入ってきた、と多くの研究者が考えている。列島に入るとたちまちのうちに黒曜石原産地を見出し、刃部磨製石斧と台形様石器を発明した。化石人骨が示すように南西諸島にもホモ・サピエンスが住んでいたので、彼らが北上して古本州島に到達した、というシナリオも可能である。そしてホモ・サピエンスは無人だった日本列島の開拓に乗り出し、各地へと拡散した。

アフリカを出たホモ・サピエンスは新しい環境に適応して、新しい技術を生み出す力がある、という仮説も欧米の研究誌に登場している。日本列島の「穏やかな森の国」の環境にも適応したのだろう。

さてもう一つの可能性は、ホモ・サピエンスの列島への入植に先立ち、4万年以前(63万年前か、43万年前か、19万年前~13万年前か)に陸橋を渡り列島に住んでいたヒト(ホモ・サピエンスではない)がいたのではないかということだ。彼らの人口は少なかっただろうが列島各地の環境を数万年かけて探索し、各地の石材産地の情報も有していただろう。彼らは硬度の高い石材を選んで石器製作をしていたため、鋭利だが硬度の低い黒曜石を石器に使用することはなかったが、重量のある大型の石器と薄く小型の石器の組み合わせを道具箱に持っていた。

そこに3万8000前にホモ・サピエンスが渡海して列島にやってきた。先住者とホモ・サピエンスは協力したのか、反目したのか。先住者の道具組成は、4万年前前後に大陸から入ってきたホモ・サピエンスに受け継がれ、黒曜石などホモ・サピエンスの好む石材産地の情報も先住者から得たのかもしれない。ホモ・サピエンスは列島の環境に適した石器群（後期旧石器前半期石器群）を開発し、列島各地へと進出し狩猟採集活動を行った。環境適応性に富むホモ・サピエンスは先住者の開発していなかった環境へも進出し、人口を増やし、先住者を圧倒したことだろう。先住者は絶滅したかもしれない。

先住者とホモ・サピエンスが混血したのか、遺伝的に離れていて混血できなかったのか、化石人骨が得られないことには何も言えない。先住者がデニソワ人だったのか、フローレス人のように島で孤立した古いヒト集団だったのかも不明である。少し筆が滑った。研究者としては資料がないと語ることは許されないが、見通しを含め、普段考えていることを書いた。

佐藤が最古段階と指摘する愛知県加生沢遺跡資料については、島根県砂原遺跡資料の検討に関わった南山大学の上峯篤史ら若手研究者が近年取り組んでいる。また朝鮮半島の後期旧石器以前の石器群研究に取り組む一方、北九州で後期旧石器以前とされた資料を出土した遺跡の再発掘に取り組んだ愛知学院大学の長井謙治の動向も目が離せない。若手研究者が後期旧石器以前の石器群や遺跡に取り組む姿に、私は大きな可能性を感じている。2つのシナリオの検討は、これからなのだ。

引用・参考文献

上峯篤史2018「日本列島の後期旧石器時代を遡る石器群」『日本旧石器学会　第16回研究発表シンポジウム予稿集』
尾田識好・神田和彦2018「古本州島の後期旧石器時代前半期石器群（東北部）」『同上』
河村善也2014「日本とその周辺の東アジアにおける第四紀哺乳動物相の研究『第四紀研究』53（3））

佐藤宏之２００２「日本列島旧石器時代の陥し穴猟」『国立民族学博物館調査報告』33
佐藤宏之２０１７「日本列島の中期／後期旧石器時代移行期に関する再検討」『ラーフィダーン』第38巻
鈴木美保２０１８「旧石器時代、刃部磨製石斧の分布と年代――モビウスライン東の石器」『アジアにおけるホモ・サピエンス定着プロセスの地理的編年的枠組み構築２』
杉原敏之２０１８「古本州島西南部の後期旧石器時代前半期石器群」『日本旧石器学会　第16回研究発表シンポジウム予稿集』
佐川正敏２０１８「中国における新人の拡散と後期旧石器時代の前半段階」『同上』
中川和哉２０１８「韓国の後期旧石器時代前半」『同上』
日本考古学協会編２００３『前・中期旧石器問題の検証』
橋本勝雄２００６「環状ユニットと石斧の関わり」『旧石器研究』２
藤田祐樹２０１９『南の島のよくカニ食う旧石器人』岩波科学ライブラリー

中国北部における新・旧人類文化の交錯劇

著／上峯篤史（南山大学人文学部准教授）

日本にきたことが確実にわかっている人類は新人だけだが、中国大陸には旧人の痕跡が多く残っている。そして、その旧人が新人と交流した形跡もある。もし、日本にきた新人が旧人の血を引いていたとしたら、あるいは文化を共有していたら、日本列島の人類史のルーツはどのようにとらえられるだろうか。日本人の起源に新しい視点を加える新・旧人類文化の交錯劇である。

（編集部）

文化史の視点から

私たち現代人は皆、生物学的にはホモ・サピエンス（新人）である。この種は30万年前頃までにアフリカで誕生し、のちに一部の集団がアフリカを出て、遅くとも5万年前頃にはユーラシア大陸各地に広がっていった。大ざっぱに言えばその末裔が私たちなのであるが、この間に存在した紆余曲折、すなわち人類史が、私たちとは何者かを考える科学的な手がかりとなる。

この間の出来事をめぐって、特に注目されているのは、いわゆる「交替劇」をめぐる謎だ。ユーラシア大陸に拡散した新人が、各地でネアンデルタール人などの旧人と出会い、最終的に新人だけが残った。近年の遺伝学は、新旧人類の混血や、デニソワ人らアジアの旧人の姿を明らかにし、数万年間の空白に多様なストーリーを、それも驚くような速度で描き続けている。

ただしそれは、あくまで私たちの生物的な側面にスポットを当てた物語である。生物としては単一種である私たちは、昔も今も、さまざまな文化をもっている。人類の文化をたどる「文化史」という観点から、新旧人類交替劇を見つめ直せばどうなるか。

石器などの物的証拠をもとに人類の文化を論じる考古学では、石刃生産技術など、いくつかの項目を新人の存在を示す物的指標と見なしてきた。それらが各地域でどのタイミングに出現するのかをたどれば、新人の進入時期と定着プロセスがわかる、と考えられてきた。

しかし研究が進むにつれて、明らかに旧人段階の遺跡なのに新人的な遺物が発見されたり、その逆に新人が定着しているのが確実な年代に、旧人段階と変わらない石器が使われている、という事例が続出した。旧人の文化が新人の文化に取って代わられるだけでなく、両者が交流し、旧人の文化が新人に継承されるケースさえあったのではないか。まるで遺伝情報のように、継承と断続、分化と統合をくりかえす文化の時間的な変化を、生物進化の研究手法で調べる動きも活発になってきた。

特に、これまでの交替劇研究では顧みられることの少なかったアジアは、旧人段階の文化が新人定着後も続いているように見える地域が多い。そのため、地域ごとに多様な交替劇があり得た可能性を追究するフロンティアだ、とアジアに興味をもつ研究者が増えてきた。

こうした視角にたった大型研究プロジェクト「パレオアジア文化史学」が2016年度に立ち上がった。東京大学総合研究博物館の西秋良宏教授を中心に、考古学、古気候学、文化人類学、遺伝学、数理学などの研究者が結集し、アジアにおける新人文化形成プロセスの解明にむけて動き出した。2017年度からは筆者の中国研究プロジェクトも採用して頂き、年に何度か、中国に出かけて調査ができるようになった。

本章ではこれらの調査成果をもとに、中国北部の新・旧人類文化の「交錯劇」に関わる遺跡証拠をたどる（※）。

PROFILE

上峯篤史（うえみね・あつし）
1983年、奈良県生まれ。南山大学准教授（人文学部人類文化学科）。同志社大学大学院文学研究科文化史学専攻博士課程（後期課程）修了。博士（文化史学）。京都大学白眉研究者。専門領域は考古学、文化財科学、先史学。現在、「東アジアにおける旧人／新人交替プロセスの研究」、「縄文・弥生石器の実態解明と縄文・弥生文化像の見直し」、「学際的視点に立った新しい研究法の開発と実践」、「分析化学的手法による考古資料の材料分析」などの研究に取り組む。著書に『縄文石器：その視角と方法』（京都大学学術出版会）がある。

舞台は中国北部

ユーラシア大陸東部を俯瞰すると、平均標高4000mをこえるチベット高原やその周辺の山脈を最高所に、おおまかにいえば西高東低の階段状の地形となっている。東に一段下がった、標高2000~1000m程度の地域は内モンゴル高原や黄土高原、雲貴高原などからなる。さらにその東には標高200m以下の平原地帯が広がっていて、ところどころに標高1000mに満たない丘陵が見られる。

中国地質学のパイオニアの一人である任美鍔さんは、地形や気候、植生や土壌などさまざまな指標を駆使して中国国土を8区分した。そのうちの「華北区」が、筆者が特に関心をもっている地域とだいたい一致する（図1）。現在、気候区分では暖温帯に属し、中国における重要な農業地帯となっている地域で、中国の歴代封建王朝の拠点がおかれた地域でもある。

この地の北限は北緯40度くらい、陰山《インシャン》山脈と燕山《イエンシャン》山脈が境で、万里の長城と重なるところが多い。南は秦嶺《チンソン》山脈と淮河が目印になっていて、この北緯34度くらいのラインは、現在の中国東部における年間降水量1000㎜の境界線（秦嶺・淮河線）とし

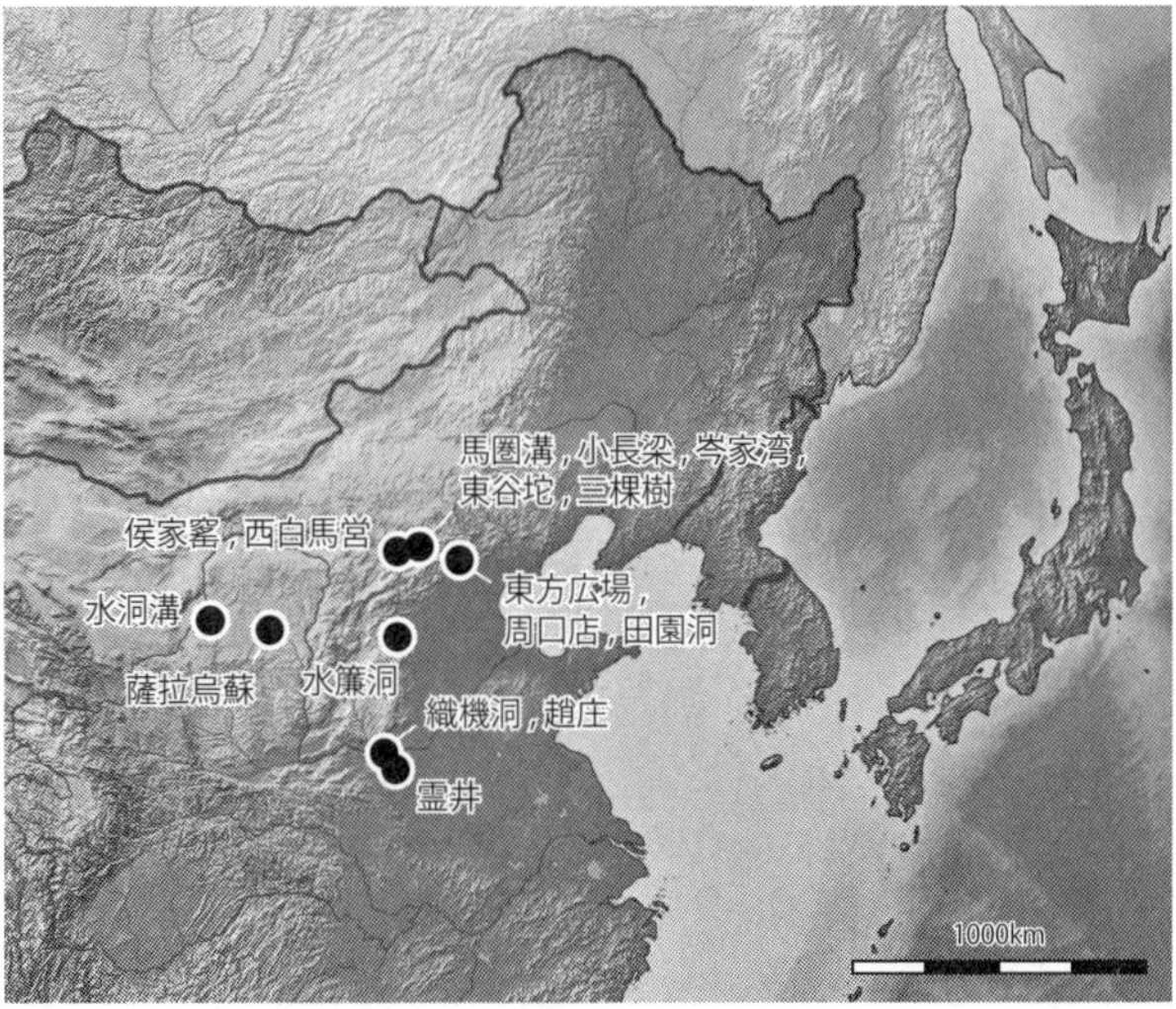

図1　本節であつかう遺跡

て知られている。西は賀蘭山脈、六盤山脈を境に、チベット高原地帯と黄土高原地帯が区分される。

この地域は、中国における旧石器時代研究がはじまったオルドス地方の遺跡や、北京原人で有名な周口店《ジョウゴウディエン》遺跡を擁する。古気候研究の聖地である黄土高原もこの地域にふくまれ、200万年以上昔から現在にいたるまで、どのような気候下で動物や人類が暮らしてきたのか、そのあらましが解明されている。中国北部は、まさに東アジア旧石器考古学の最前線なのである。

オルドス地方の旧石器文化① 神父の発掘調査

内モンゴル自治区南部のオルドス地方は、南は万里の長城に、他方を大きく屈曲する黄河に囲まれている。広大な砂漠と草原がひろがる乾燥した環境で、大部分が標高1000mをこえる高原地帯である。

1913年に中国に渡ってきたフランス人宣教師リサンは、地質学や古生物学に精通した人物で、天津に創設した博物館を拠点に布教と研究活動に励んでいた。1920年には甘粛省で中国初となる旧石器を発見し、1922年にはオルドス地方に足を踏み入れた。そこで多数の動物化石を目の当たりにしたのだった。荒涼としたオルドスは、かつては多様な動物が生息する肥沃な大地で、さながらエデンの園のように思われただろう。人類の歯化石が一つ採集されていたことも、リサン神父の興味をかきたてた。

翌年、ド・シャルダン神父がパリを追われ、リサン神父のもとにやってきた。ド・シャルダン神父は、後年『現象としての人間』を著して、科学的知識と信仰心を融合させた、キリスト教的な進化論を提唱したことでも知られる。哺乳類の進化研究で卓越した業績をあげていた彼は、イエズス会から聖書の教えに反発する危険人物と見なされ、更生を期して大陸の向こう側へ送られたのだった。

力強い相棒を得たリサンは、車馬隊を率いてモンゴル奥地に分け入った。『神父と頭蓋骨』（早川書房、２０１０年）に綴られているように、４ヶ月弱におよんだ遠征調査は、物騒と貧困がタッグを組んで襲ってくる過酷なものだったが、彼らは中国旧石器遺跡研究史の１ページ目に研究成果と生き様を刻んだ。彼らが発掘した遺跡こそ、この地域の重要遺跡である薩拉烏蘇《サラウス》遺跡と水洞溝《シュイドンゴウ》遺跡である。

オルドス地方の旧石器文化②　極小石器と遠くの石材

オルドス市南部から陝西省北部の楡林《ユイリン》市一帯にかけては、中国四大砂漠の一つ、ムウス砂漠がひろがる。この砂漠の南部では、陝西省北西部に水源をもつ薩拉烏蘇河が、大きく蛇行しながら流れている。この流域約８㎞の範囲で、水流に削られて地層がむき出しになっていて、すでに19世紀末には、動物の骨や石器が出土するスポットとして知られていた。

これらの遺跡は現在、薩拉烏蘇《サラウス》遺跡ないしは薩拉烏蘇河のモンゴル語読みにちなんでシャラオソゴル遺跡と呼ばれている。１９８０年代には中国人研究者による調査も本格化し、現在までに8~9の地点で化石や石器が見つかっている。薩拉烏蘇遺跡は、多数の地点からなる大きな遺跡群らしい。

薩拉烏蘇遺跡の旧石器はいつ頃残されたのだろう。リサンらの調査以降、さまざまな見解が出されてきたが、近年では10万年前頃とする見解に落ち着いている。複数の地点で実施された年代測定や、地層中の気候変動記録を調べた研究の結果が、その考えを裏づけている。

薩拉烏蘇遺跡では多数の人骨化石が得られていて、河套人の愛称で親しまれている。うち6点は石器と同じ地層（薩拉烏蘇層）から出土していて、石器を作った人々の化石と見てよい。頭蓋骨は脳頭蓋が低く、頤（下顎の先端部）が発達しないなど旧人的な特徴があるが、旧人とも新人とも決めきれない。肩甲骨を詳細に検討した尚虹さんらは、新人と旧人の特徴とが混在していると見る。西アジアやヨーロッパと同様に、新人と旧人の混血児である可能性を考えている。

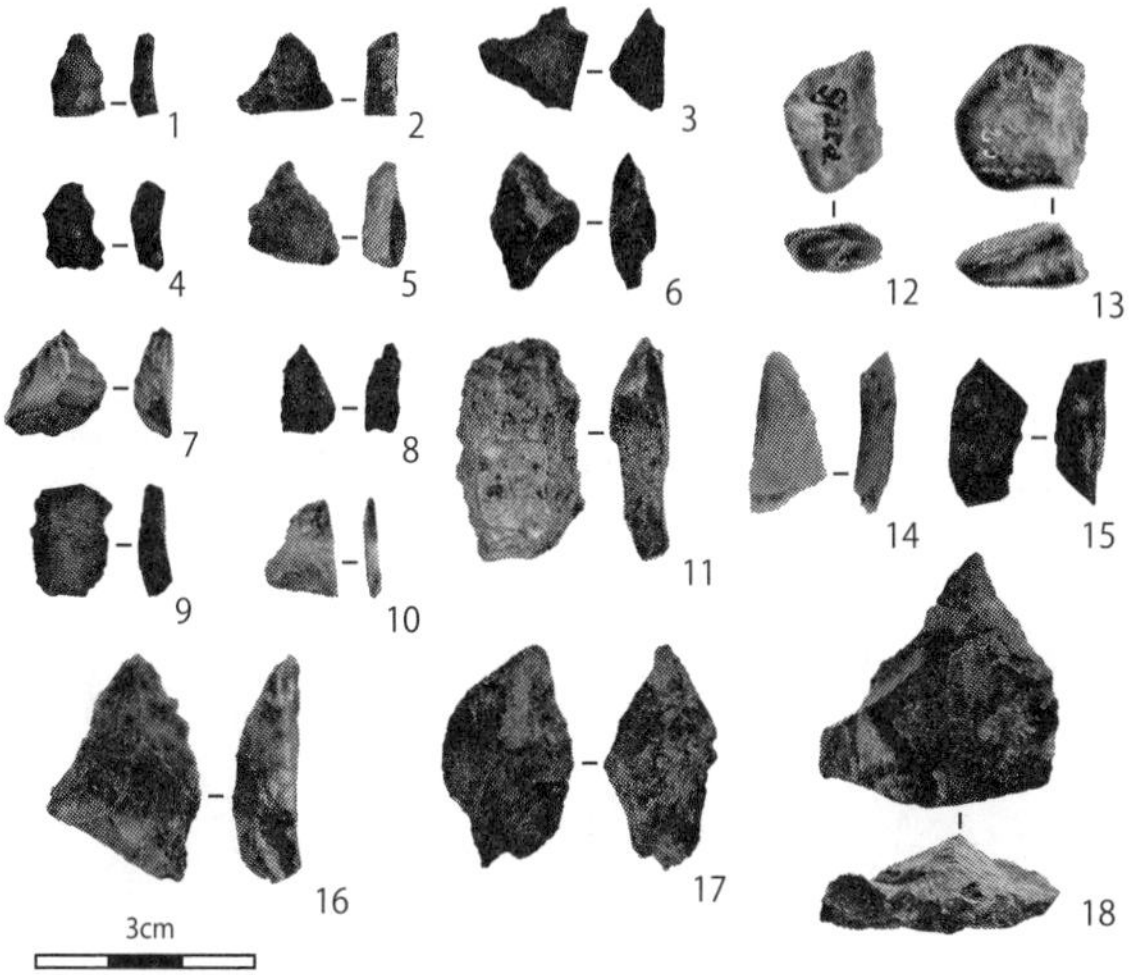

図2　薩拉烏蘇遺跡の石器

（パリ人類古生物学研究所所蔵、筆者撮影）

薩拉烏蘇遺跡の石器「最大の」の特徴は、その小ささだ。最大長2㎝にも満たない、大変小さな石器が大半を占める。ルーペを使って石器をじっくりと観察してみると、加工の痕跡がはっきりととらえられる。石片の縁辺に抉《えぐ》るような打撃を数回施して、鳥の嘴のような尖った箇所を作り出した嘴状石器（図2の1～8）、石片の一部を抉っただけの簡素な抉入石器（図2の9～10）が特徴的だ。

他にも、ごろっとした厚手の石片の片側から加工を施し、先端部を作り出した石器が目を引いた（図2の16〜17）。フランスの旧石器研究に精通した竹花和晴さんに、この種の石器は、フランス南東部の遺跡にちなんでカンソン型尖頭器とよぶのだと教わった。ヴェルドン渓谷先史博物館の研究では、カンソン型尖頭器は30万年前頃にはヨーロッパに現れ、6万年前頃まで作られていたようだ。ヨーロッパから西アジアに多いが、最近では中国や韓国でもよく似た石器が見いだされている。さながら人類のユーラシア大陸横断を物語るような分布を示す。

これらの石器はホルンフェルスやチャート、石英岩など、とても硬い岩石から作られている。ただし石器づくりはいささか単純だ。どの岩石でも、割りはじめて間もない頃にはやや大きめの石片がとられ、大きめの石器の材料になる。のちに岩石を使い尽くすように、小さい石片が剝がされ、それに少しの加工を加えて小さな石器が作られている。一連の石割り作業には、特定の石器に適した大きさ、形状の石片をとろうと工夫した形跡はまったくない。

一方、これらの石材が遠くから運ばれてきた事実は注目に値する。黄砂が積もった大地が果てしなく続く薩拉烏蘇遺跡周辺では、石器の材料になるような岩石は存在しない。1980年代に遺跡周辺をしらみつぶしに歩いたところ、遺跡から直線距離で約43㎞離れた地点で、ようやく薩拉烏蘇遺跡の石器石材とよく似た岩石が採取できたらしい。

ヨーロッパの旧人でも、遺跡から約100㎞離れた場所の岩石を採った事例はあるが、あくまで例外的なケースである。優れた石材を求めて遠方に赴くのは、新人に特徴的な行動とされる。薩拉烏蘇遺跡の河套人は、「新旧人類のハイブリッド」の面目躍如たる機動性を発揮していたようだ。

オルドス地方の旧石器文化③　石刃と進入者

寧夏《ニンシャ》回族自治区銀川《インチョワン》市の東側を流れる黄河から、さらに東に約10㎞、万里長城に沿って流れる辺河が作った段丘の縁に、水洞溝《シュイドンゴウ》遺跡がある。リサンらが発掘した5地点の他に、中国人研究者らによる発掘調査で計12地点の遺跡が知られている。近年のデータからは、リサンらが調査した第1地点の石器は、較正年代（実際の暦年代に近くなるよう、放射性炭素年代測定値を読み換えたもの）で4万年前頃とされる。

図3　水洞溝遺跡の石器

（パリ人類古生物学研究所所蔵、筆者撮影）

水洞溝遺跡第1地点の主役は、石刃や小石刃と呼ばれる短冊状の石片である（図3の7〜10）。これらは間違いなく岩石を割ってとられた石片だが、無作為に岩石を叩くだけでは、これほど形が整った石片は量産できない。石刃などをとるための打撃に先立って、入念な準備や工夫が必要である。打撃点を作り出し、その周囲を整え、石刃生産の合間に手中の石塊の形状を整える、といった手間をかけ、石刃や小石刃が生産されたのである。苦労してとった石刃や小石刃は、刃をつけて削器などに仕上げられている（図3の4〜6）。完成品となる石器のかたちを見越して、石刃が割り取られたのだろう。

２０１４年の『Quaternary International』誌上で、彭菲さんらは、角柱状の石塊や幅の狭い石塊から石刃をとる技術の他に、上下両面に平坦面をそなえた幅広の石塊から、中期旧石器時代のルヴァロワ技法的な工夫を施して石刃を剝がす技術が第１地点にはある、と述べる。後者は、アルタイ山地やモンゴルのＩＵＰ期の石器群と似ていると強調する。

「ＩＵＰ期の石器群」とは、後期旧石器時代初頭の石器群を意味する。さまざまな方式を組み合わせて石刃を生産していた痕跡のあるグループである。骨角器などの有機質資料や装飾品をともなうこともある。

今日、類似した石器群がレヴァントはもとより、東ヨーロッパや北東アジアにいたる広範囲で見つかっている。興味深いのは、突如出現したＩＵＰ石器群が、それぞれの地域の石器文化に割り込んだように見える点である。さらに、ＩＵＰ石器群は広範囲に分布しながらも、年代幅がおよそ４万７０００年前〜３万５０００年前の間におさまっている。ＩＵＰ期石器群の担い手は新人で、彼らがユーラシア大陸に拡散するなかで各地に痕跡を残したのだろう。

ただし、水洞溝遺跡の石器づくりのすべてが、石刃に関係するわけではない。石塊の打ち割り時に偶然に石片を加工する、場当たり的な動作が見られ、薩拉烏蘇遺跡と同様の小形石器が作られている（図3の1～2）。薩拉烏蘇遺跡と水洞溝遺跡がいまだにセットで取りあげられるのは、リサンとド・シャルダンの冒険譚が胸を打つからだけではないようだ。

石刃生産技術などいくつかの外来の要素の他は、両遺跡では共通した文化が垣間見られる。水洞溝遺跡の居住者は、西からやってきた新人集団であろうが、彼らがオルドス地方の先住者とまったく関わりをもたない、孤独な侵入者だったとは思われない。二つの石器文化が混ざり合うような、両集団の接触がおこなわれたに違いない。

泥河湾盆地の旧石器文化①　東アジアのオルドヴァイ

北京から約２００㎞西に、泥河湾《ニーホーワン》盆地がある。平均標高は１０００ｍ前後、総面積は9000㎢に達し、河北省西部と山西省北部にまたがる。白色の地肌をむき出しにした、高さ100m以上の丘陵が延々と続く景観は、侵食作用の激しさと悠久の地形形成史を誇らしげに見せつけてくる。泥河湾盆地にはかつて広大な湖（古泥河湾湖）があり、地表面下1000mくらいまでは湖沼堆積物（泥河湾層）が残されている。このなかから、100万年前を優にこえる古さの旧石器時代遺跡がいくつも発見されている。

泥河湾の名を世界にとどろかせるきっかけを作ったのも、リサン神父である。師は内モンゴル調査の後、1924〜27年にかけて何度か泥河湾に滞在し、一時帰国から戻ったド・シャルダン神父とともに、泥河湾層から出土する哺乳動物化石の記載に取り組んだ。1987年、盆地東縁の小長梁《シアオチャンリアン》で、100万年以上前の地層から石器と動物化石が発見されたのを皮切りに、前期更新世遺跡の探究が本格化する。馬圏溝《マジュエンゴウ》遺跡の最下層で見つかった石器の年代は、約175万年前に達している。約180万年前までにはアフリカを飛び出していたホモ・エレクトス（原人）がたどり着いた、東アジア最初期の遺跡群である。

泥河湾盆地の旧石器文化②　年代論争と鋸歯縁石器群

泥河湾盆地と言えば前期更新世、前期旧石器時代遺跡なのであるが、筆者らの当面の調査対象はもう一桁新しい。泥河湾盆地では、新旧人類交替劇の鍵を握る約20～3万年前の遺跡もいくつか知られている。特に注目されているのが侯家窰《ホウジャアヤオ》遺跡である。盆地北部の侯家窰村の西隣にあり、盆地中央を流れる桑干河に注ぐ梨益溝の右岸に位置する（図４）。

地表面下約13ｍのところに泥河湾層と河岸段丘構成層の境界があり、段丘構成層中から人骨化石や多量の石英製の石器が出土している。人骨は頭骨を中心に約20点あるが、人類の特徴がよく表れる顔面部のパーツを欠くことが災いして、人類進化史上の位置づけが定まっていない。中国国内で見つかっている他の同時代の化石と同様に、デニソワ人の骨の候補にあがっている。

東洋大学の変動地形学者、渡辺満久先生は、地形形成史をもとに侯家窰遺跡が約7万年前より古くならないと指摘する。近年の電子スピン共鳴法やベリリウム同位体を用いた年代測定で得られている値（約40～20万年前）は受け入れにくく、地形形成史

図4　侯家窰遺跡74093地点の発掘調査区跡

（筆者撮影）

と矛盾がない長友恒人先生らの光励起ルミネッセンス法による測定値（7〜6万年前）が妥当な年代に思える。

一方、侯家窰遺跡から約20㎞西にある西白馬営《シーバイマーイン》遺跡では、フリント質の石材が目立つ石器群が見つかっている。遺跡は桑干河の支流が作った段丘上に立地し、水成堆積物の層の最上部から石器や馬の歯などが多量に出土している。出土層序からして、侯家窰遺跡よりも新しい石器群のはずである。遺跡が2万年前よりやや新しいとする年代測定値が１９８０年代に出されていたが、石器の顔つきからもっと古い年代の資料だと予想していた考古学者は少なくない。近年では別の方法による年代測定がおこなわれ、５万年前頃の遺跡と考えられるようになっている。

侯家窰遺跡と西白馬営遺跡では、石片の縁辺にギザギザとした鋸歯状の刃をつけた鋸歯縁石器、オルドスにもあった抉入石器（ノッチ）や嘴状石器（ベック）が顕著に見られる。このような顔ぶれは、中国北部ではおなじみである。古い事例では泥河湾盆地の約１００万年前を遡る岑家湾《ツェンジャワン》遺跡や東谷坨《ドングウトゥオ》遺跡、約30～20万年前の遺跡（三棵樹《サンクエシュ》遺跡や周口店《ジョウゴウディエン》遺跡第15地点）などで、よく似た石器がある。年代の新しい事例では、約３万年前の北京市王府井《ワンフーチン》東方広場遺跡で、明らかな後期旧石器と一緒にこれらの石器が出土している。

泥河湾盆地の旧石器文化③　新人に受け継がれた文化

侯家窰遺跡からは、石塊を球状に整形した石器（石球）が多量に見つかっている。西白馬営遺跡にも、綺麗な球状とは言えないが類似した資料が豊富にある。用途はよ

図5　石球の使用法の想像模型

（泥河湾博物館常設展示、筆者撮影）

くわかっていないが、狩猟に用いられた投石とする意見がある（図5）。

約5万年前を前後する両遺跡と、約20万年前を遡るような事例との違いは、石球の存在と、抉入石器や嘴状石器の占める割合が特に高い点にある。魚津歴史民俗博物館の麻柄一志さんは、このような特徴をもつ石器群に侯家窰型の名を冠し、侯家窰型鋸歯縁石器群が約10万年前以降の時期に集中するという、重要な指摘をしている。

侯家窰型鋸歯縁石器群の担い手は誰か。この石器群のなかには石球や「ナメクジ形の」石器など、西方の地域との関連をうかがわせるものがあるし、ヨーロッパの鋸歯縁ムスチエ文化からの影響を考える見解が有力である。河南省の霊井《リンジン》遺跡は侯家窰型鋸歯縁石器群のなかでも年代が古く、この石器群の起源をめぐる問題の鍵を握る。後述するように、霊井遺跡出土の人骨に、ネアンデルタール人の面影を見る指摘が正しいのなら、侯家窰型鋸歯縁石器群がアジア以西の文化の影響を受けて成立したという予測が真実味を帯びてくる。

一方、侯家窰型鋸歯縁石器群の要素は、約3万年前よりも新しい遺跡においても命脈を保っている。この現象は、中国北部地域に定着した新人たちが旧来の文化を継承した、と解釈できる。

侯家窰型鋸歯縁石器群を構成する石器がどんな用途に用いられ、彼らの生活が当時の環境にどのようにマッチしていたかは、検討不足でまだわからない。ただし、当時の環境下で長期持続していた生活スタイルは、新人とともに迫ってきたグローバル化の波に簡単にかき消されるものではなかっただろう。郷に入っては郷に従え、である。

侯家窰型鋸歯縁石器群の片鱗が新人の文化に取りこまれた背景には、石刃技法を携えてやってきた新人と、侯家窰型鋸歯縁石器群を維持していた先住者との間での密な交流があったはずである。

華北平原の旧石器文化① 新人らしい行動のはじまり

河南省中西部に位置する嵩山は、古代から山岳信仰の場として知られ、道教や仏教の道場が数多く建立された。20世紀以降、少林寺武術を教える学校がこぞって建てられ、中国各地から入門者が集まっている。近年、嵩山東南麓で旧石器時代遺跡の発掘調査が相次いでいて、国際的に注目されている。

鄭州《チョンチョウ》市の西側に位置する織機洞《ジージードン》遺跡は、石灰岩でできた山塊に大きく口を開けた洞窟に営まれた（図6）。この洞窟の前庭部を北京大学が発掘していて、数千点の石器が出土している。発掘調査区の底2ｍほどにわたって、洞窟からしたたり落ちる水が運んだ土砂が堆積しており、石英砂岩の亜円礫を打ち割って作られた、大形で簡素な礫石器が出土している。

図6　織機洞遺跡から対岸を望む

一方、それよりも上位の層には、石英やフリント質の岩石を比較的丁寧に加工して作られた、削器や尖頭石器などの小形石器が多量にふくまれていた。年代測定の結果から、下位の石器群は5万年前頃、上位の石器群は4万年前頃のものと推定されている。

調査を主導した北京大学の王幼平先生は、下位石器群から上位石器群への変化を、人類の活動範囲の拡大と解釈する。下位石器群で好まれた石英砂岩は遺跡のすぐ近くで拾えるのに対し、上位石器群で目立つフリント質の石材は、遺跡から6～7㎞離れた場所でしか採取できない。良質の石英にいたっては、さらに遠くに出かけないと見当たらないらしい。遺跡近傍で完結していた生活が、約4万年前以降、丁寧に作った小形の石器を携行し、より広範囲を動き回る生活に変貌している。約4万年前という年代からすれば、この変化に新人が関わっていても不思議ではない。

市南部で見つかった趙庄《ジャオジュアン》遺跡でも、この方面の研究で興味深い発見があった。意味深な状況で象の頭蓋骨が発見されたのだ（図7）。拳大よりも大きな、角張った赤紫色の石が積まれ、その上にアンチクウスゾウの頭蓋骨がすえられていた。ゾウの頭蓋骨には石器でつけられたであろう切り傷が残されている。赤紫色の石は石英質砂岩で、遺跡から5㎞ほど離れた山からわざわざ運ばれたようだ。石器や動物化石を多量にふくむ層のすぐ下では、3万年前をやや遡る年代測定値が出ている。

身も蓋もない言い方をすれば、ゾウの頭蓋骨をお供えしても空腹を満たせるわけではないし、わざわざ遠くから重い石を抱えて運ばなくても、遺跡のすぐ近くで拾える石で賄うほうが楽である。しかし私たち自身も、ただ生存することだけを考えれば必

図7　趙庄遺跡の象頭骨

（Wang, Y. and T. Qu（2014）. "New evidence and perspectives on the Upper Paleolithic of the Central Plain in China." Quaternary International 347: 176-182.）

要のない行動を頻繁にとっていて、時にそれらに多大な労力を払う。使い道のない小物を収集してしまったり、髪型や服装が決まらずにやきもきした経験は誰にでもあるはずだ。

現代人があまねく供え、かつ絶滅した人類たちには見られない能力とは何だろう。それはどんな行動として現れるのだろう。アメリカの考古学者マクブレアティさんらは、西ヨーロッパの中期旧石器文化と後期旧石器文化との比較から、次のように考えた。抽象的に考える力、優れた計画力、行動や経済、技術に関する発明能力、記号をあつかう力を、新人を特徴づける能力と見なしている。

この能力は次のような行動とむすびつく。形が整った道具を何種類も作る、石刃技法などの新技術を発明する、骨や貝殻など新しい材料を使う、アクセサリーや芸術に関する行為、儀礼的な行為をする、長距離にわたって交易をする、などである。これらを現代人的行動とか、行動的現代性とよぶ。その証拠は遺跡にのこされるため、物証としてとらえられる。

趙庄遺跡のゾウ頭骨を用いた特異な行動は、現代人的行動と見なせる。約4万年前までにはこの地に新人が、少なくとも新人的な能力を開花させた人類が住んでいたことを示す。やや歯切れの悪い書き方をしたのは、近年、シンボリックな行動をとっていたネアンデルタール人の事例報告が相次いでいて、終末期の旧人と新人との行動面での違いがあいまいになってきているからだ。

華北平原の旧石器文化② 旧人に芽生えた現代性

許昌《シュイチャン》市の霊井《リンジン》遺跡でも、シンボリックな遺物の発見が報じられて話題になっている。

この遺跡は河南省中南部、黄河と淮河の間に広がる黄淮平原にあり、1965年の発見以降、細石刃期の遺跡として知られていた。

ところが2005年から河南省文物考古研究院が発掘したところ、細石刃が出土する地層よりも約5m も深い地層から、人類の頭蓋骨の化石と石英製石器などが発見された（図8の1）。年代測定結果や動物相の検討によると、人骨が発見された地層の年代は12〜10万年前頃とされる。2017年に『サイエンス』誌に掲載された論文によると、発見された頭蓋骨は、後頭部のへこみや内耳骨にネアンデルタール人的な特徴が見られる一方で、眼窩上隆起などに新人的な特徴も垣間見えるという。侯家窰遺跡の人骨に似ているとか、デニソワ人の頭蓋骨だという意見も出ている。

2019年の『アンティキティ』誌に、霊井遺跡における線刻骨片発見のレポートが載った。大型動物の肋骨の破片に、右利きの人物が、鋭い石器で規則的な傷をつけたと考えられる資料である（図8の2〜3）。最大長5cm 程度のものが2点出土していて、一方には、線刻のなかに赤い顔料が残されていた。象徴的な行為の事例としては東アジア最古である。霊井遺跡の旧人はその顔立ちに見合った豊かな精神性を開花

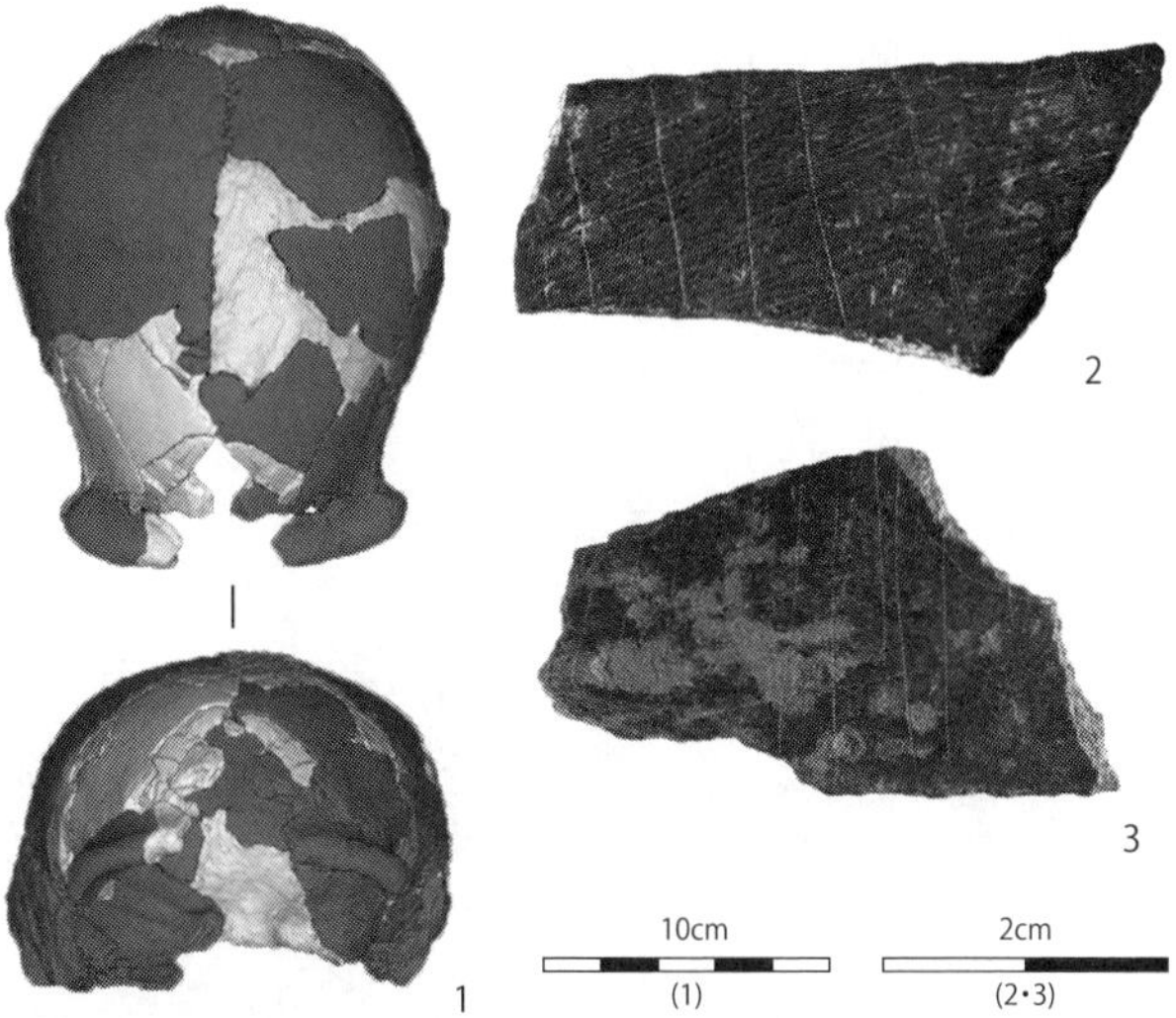

図8　霊井遺跡の人骨と線刻骨片

（Li, Z.-Y., et al.（2017）. "Late Pleistocene archaic human crania from Xuchang, China." Science 355（6328）: 969., Li, Z., et al.（2019）. "Engraved bones from the archaic hominin site of Lingjing, Henan Province." Antiquity 93（370）: 886-900.）

させていたようである。

装身具の事例が増加するのは、3万年前頃からのようだ。オルドス地方の水洞溝遺跡群ではダチョウの卵の殻を使ったビーズや、シジミ貝殻製の垂飾が知られている。また北京市郊外の周口店《ジョウゴウディエン》遺跡山頂洞では、三人分の頭骨の周囲から、ダチョウの卵殻製ビーズや石・貝殻・獣牙などを使った垂飾など、多彩な装身具が見つかっている。ただしこれらの事例は水洞溝遺跡第1地点の石刃よりずいぶん新しいし、石刃の近くから出土した事例も乏しい。装身具の出現と、石刃が示す新人の進入とを同一視するのは難しそうだ。これらの装身具と霊井遺跡の線刻骨片はよく似た発想のもとに作られたように思われるけれど、相容れない事情があったようだ。

華北平原の旧石器文化③　持ちこまれた石刃

河北省石家荘市《シーチヤチョワン》の西縁、太行山脈《タイハン》の奥地に位置する沕沕水《フーフースイ》では、むき出しの岩が織りなす渓谷に湧き水が注がれ、いたるところで滝ができている。冬期には幅約1㎞にわたって凍りついた滝（氷瀑）を一目見ようと、たくさんの観光客が訪れるという。旧石器時代遺物が発見された水簾洞《シュイリエンドン》は、滝壺が激しく侵食されてできた洞窟の一つで、「裏見の滝」が洞窟の入口に掛かる（図9）。

洞窟内には水が運んできた黄褐色の泥が厚く堆積するが、その合間に、炭が濃集する真っ黒の地層が幾重にもはさまり、さながらバーコードのようになっている。この炭は人類が火を使ってのこしたもので、細かく砕かれた動物骨や、大量の石器がとも

図9　水簾洞遺跡の外観

（張献中 主編（2010）『水簾洞掲秘：探訪沕沕水石家庄先民之家』河北美術出版社.）

なう。炭の放射性炭素年代測定値は、較正年代で約4〜3万年前であったという。

石器は数万点出土していて、ほとんどが乳白色の石英を材料としている。石器づくりの最中に生じた残滓が多いが、細部が整形された石器を抽出していくと、抉入石器（ノッチ）や嘴状石器（ベック）、ギザギザした刃がつけられた削器が目立ってくる。中国北部で頻繁に目にする顔ぶれで、先に述べた「侯家窰型鋸歯縁石器群」の構成員だ。

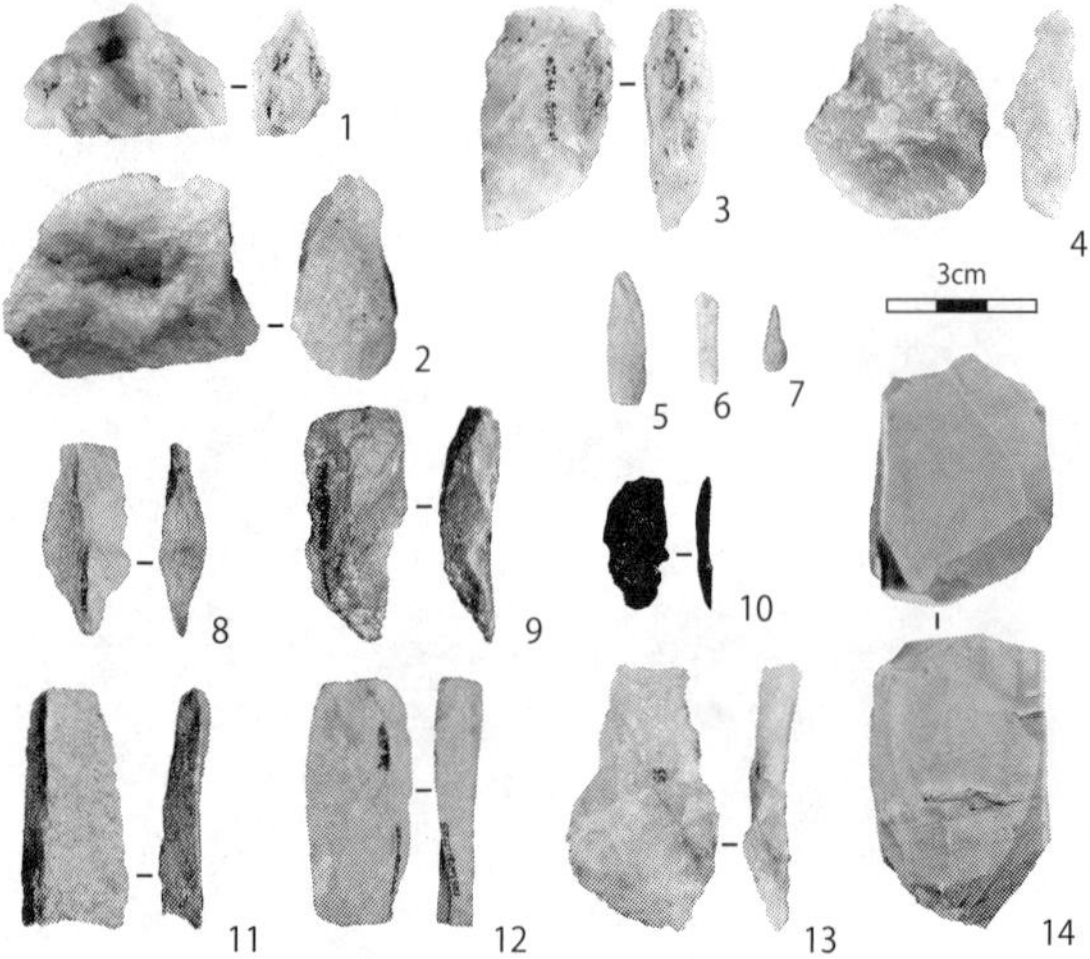

図10　水簾洞遺跡の石器

（河北省文物研究所所蔵、渡邊貴亮さん、朝井琢也さん撮影。）

一方、目新しいものもある。わずか3点だが、鹿角などを丁寧に磨いて作られた磨製骨角器が出土している（図10の5〜7）。打製骨角器にはもっと古い出土事例がいくつもあるが、中国北部の磨製骨角器としては、本例が最古級となる。

さらに注目すべきは、石刃状の縦長剥片やそれを剥がした残核だ（図10の8〜14）。縦長剥片は偶発的に生じたのではなく、意図して何枚も生産されたようで、石刃生産技術の関与をうかがわせる。

石英を用いた石刃状の縦長剥片は1点だけで（図10の13）、他はすべて石英岩や珪《けい》質頁岩《しつけつがん》で作られている。石器群の大半を占める石英には、石刃生産技術と何の関わりも見いだせない。反対に、石英岩や珪質頁岩で作られた資料はどれも、石刃生産と強い関連を示す。しかも石刃状の資料は、剥がし取られた後、特に加工されていない。複雑な手順を踏んで割り取ったのだから、これを素材とした石器に仕上げられていてよいはずである。

この奇妙な状況は、水洞溝遺跡の石器群に客体的に入り込んだ石刃生産関連遺物が、別の集団との接触時に受領されたものと見ると理解しやすい。これらは、水簾洞遺跡の地層の「バーコード」のさまざまな層準から出土している。つまり一時にまとまって持ちこまれたのではなく、時期を違えて、断続的にもたらされている。1点の石刃状剥片が残される間に、水簾洞遺跡の生活では石英製石器とその製作残滓が数百点、それに焼けた動物の骨が多量に生じているのだから、石刃状剥片を作った人物を水簾洞遺跡の居住者と見なすのは難しい。石英に対する依存の度合いが低い別の集団が、石刃状剥片を携えてきたのではないか。

では彼らは何者か。周口店遺跡の近くの田園洞《ティエンユエンドン》で見つかった人骨は、新人化石として異論の少ないもののなかでは中国北部最古の例である。放射性炭素年代測定値は約4万年前。水簾洞遺跡にきわめて近い。水簾洞遺跡に居住していたのは新人かもしれないし、少なくとも、遺跡から200㎞圏内には新人が暮らしていた。田園洞では石器が見つかっておらず、彼らの生活内容は不明だが、石刃を嗜好する文化を受け継いでいてもおかしくない。

華北平原の旧石器文化④　産地不明の黒曜岩

そして、黒曜岩である。水簾洞遺跡では、黒曜岩製の剥片が1点出土している。黒曜岩は流紋岩《りゅうもんがん》の一種で、火山から噴き出たマグマが冷え固まってできる。そのため、そこかしこで採集できる岩石ではなく、個々の原産地は数キロ四方の範囲に収まることが多い。火山の多い日本列島では200ヶ所以上の黒曜岩原産地があるが、東アジアの他の地域では、黒曜岩を産出するような火山はほとんどない。中国と北朝鮮の国境にまたがる長白山（白頭山）の他は、中国国内に黒曜岩の原産地はないとされる。

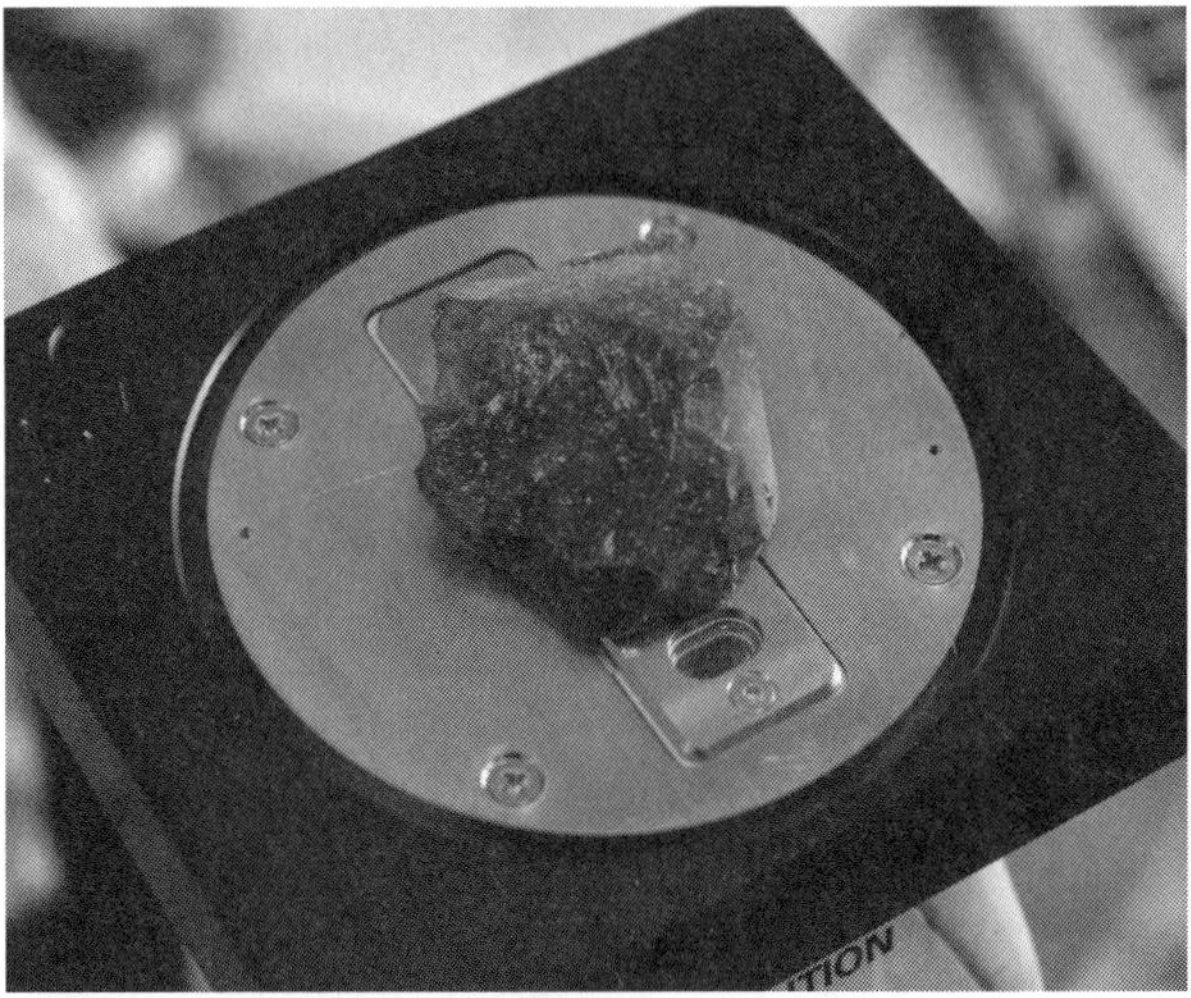

図11　水簾洞遺跡の黒曜岩

（河北省文物研究所所蔵、Bruker社製蛍光エックス線分析装置TRACER 5iによる分析風景を、筆者撮影）

では水簾洞遺跡の黒曜岩はどこからやってきたのか。残念ながら、筆者らはまだその手がかりをつかんでいない。黒曜岩の構成元素の割合は原産地ごとで違っていることが多いので、分析装置を使って化学組成を調べ、原産地がわかっている黒曜岩と比較すれば、遺跡から出土した黒曜岩がどこから持ってこられたのかを推定できる。それを期待して、携帯型の分析装置を携えて中国に赴き、水簾洞遺跡の黒曜岩を分析した（図11）。

ところが、得られたデータは、とてもユニークなものだった。長白山はもとより、日本国内や東アジアで知られているどの黒曜岩とも一致しなかったのだ。

中国国内に未発見の黒曜岩の産地がある、と考えて調査中だが、筆者の黒曜岩探しはしばらく続きそうである。この黒曜岩の原産地がわかったとき、水簾洞遺跡の人々が接触をもちえた範囲が明らかになり、彼らに伝えられた情報の出所にあたりをつけられるようになる。中国北部における新旧人類の接触と、文化の交錯について、ずいぶんと視界が開けるように思っている。

日本列島へのまなざし

華北の平原地帯のさらに東には、黄海や東シナ海がひろがっていて、朝鮮半島、そして日本列島がつづく。本章のはじめに、ユーラシア大陸東部の雄大な階段状地形についてふれた。黄海の大部分は水深80m以下の大陸棚で、さながら華北平原に次ぐ四つ目の階段である。

第四紀にはおよそ10~4万年の周期で、寒冷期と温暖期とが繰り返された。現在の海岸線は温暖期のもので、主に約7000年前に現れたものである。黄海の温暖期の海岸線は現在のものに近いが、寒冷期には海岸線が遠ざかって、たびたび陸地化したと考えられる。その証拠に、黄海や渤海湾の海底からは、ときおり底引き網にかかって、マンモスや毛サイなど絶滅した動物の骨が引き上げられる。彼らは寒冷期に現れた「黄海平原」をそぞろ歩いていたことだろう。旧石器を携えた人類が、その後を追跡していたかもしれない。

黄海平原は寒冷期には、中国北部と朝鮮半島とをつなぐバイパスの役割を果たしただろう。そして朝鮮半島と北部九州を隔てる海峡も、ぐっと狭くなっていた。朝鮮半島と対馬の間の海峡（朝鮮海峡）は平均で約120mの深さに、最も深いところでは約230mに達するため、どの寒冷期に陸地化していたかは議論が決着していない。しかし河村善也さんらの哺乳類化石の研究から、この約120万年間で少なくとも3回は、朝鮮半島と北部九州が地続きだったタイミングがあった、と考えられている。ならば干あがった海峡に出現した陸橋をわたって、ゾウが日本列島に渡来してきた。人類も、と考えたくならないだろうか。

もし日本列島に渡った旧人がいたなら、のちに日本列島に渡来する新人が東アジアのどこかで旧人と出会ったなら、彼らはどんな石器を携えていただろう。東アジアのどこかでおこった両者の接触は、日本列島の「新人文化」にどのような影響を与えただろう。これらを考えるヒントはきっと、海の向こうにある。特に質・量ともに優れた中国北部の旧石器時代遺跡は、この地域の新旧人類文化の交錯劇を語り、そしていつかは、日本列島における人類史のプロローグをささやいてくれるはずだ。黄土地帯の渓谷を、華北の雄大な平原を歩きまわった旧石器時代人たち。彼らのつま先は、はるか東のフロンティアをむいていただろうか。

※）本研究は文部科学省科学研究費補助金（課題番号17H05129および19H04524）、2019年度南山大学パッヘ研究奨励金I－A－2、2019年度髙梨学術奨励基金研究助成による研究成果の一部である。

日本の起源たる縄文文化はどのように作られたのか

著／岡村道雄（縄文遺跡群世界遺産登録推進専門家委員会委員）

自らを杉並の縄文人と称し、日々縄文人の暮らしを学ぶことに努めている岡村道雄氏。日本文化の起源は縄文にあると言って憚らない。では、どのように縄文人は作られてきたのか、いままで、あまり注目されてこなかった縄文人の移動と交流を通した新たな縄文人像が見えてくる。（編集部）

3つのルートで始まった日本列島人の起源（岡村2018、図1・2）

日本列島人はどのように形成され、その原点はどこにあるのだろうか。いままで、あまり注目されてこなかった縄文時代の交流も視野に入れながら考えてみたい。

いつの時代に、日本列島に現代につながる人類は来たのだろうか。それは、別稿でも言及されているだろうが、寒冷な気候だった氷河時代の旧石器時代に遡る約4万年前のことだったと考えられている。

その時代は、古日本列島がアジア大陸の東縁に続いていた。古日本列島は、琉球諸島（奄美・沖縄・先島諸島など）と、九州から東北（古本州島・本土）、さらに北海道からサハリン・沿海州（古北海道半島）から作られていた（図1）。

この列島に約3・8万年前、先ず朝鮮海峡方面から新人段階の我々の祖先が渡来した。彼らは後期旧石器文化をもち、石を打ち欠いて作ったかけらで粗雑な石器を作っていた。そして、鹿児島県種子島から北海道の各地に移動生活を広げていった。

やや遅れて南ルートで琉球諸島に北上した新人たちもいた。ただし、彼らは独自の文化圏をもち、古本州島や北海道の新人たちとは交わっていないと私は考えている。

彼らは台湾から古日本列島の南端、琉球諸島にわたった。そして、環境・生態系（風土）が本土とは違っていたためか、礫《れき》や貝殻を使って道具としたようだ。彼らの村落の跡はまだ発見されていないが、洞穴に遺骸を風葬する今日まで続く葬法が始まっていたことが発掘からわかっている。本土・北海道とは異なる文化の始まりである。

やがて本土では、地域性（文化圏）をもった集団が登場した。彼らは刃を磨いた石製の斧を作り、関東甲信を中心に環状の集合村や獣を捕獲する落とし穴などを作った。

一方、北海道では、約2・5万年前にシベリア・バイカル湖・沿海州地方からサハリンを経由して、北方の石器文化（細石刃《さいせきじん》文化）を携えた集団が渡来した。彼らは北

PROFILE

岡村道雄（おかむら・みちお）

1948年、新潟県生まれ。考古学者。奥松島縄文村歴史資料館名誉館長。東北大学大学院国史学専攻修了。東北大学文学部助手、宮城県東北歴史資料館、文化庁主任文化財調査官、奈良文化財研究所などで勤務。自称「杉並の縄文人」。主な著作に『縄文の生活誌』（講談社学術文庫）、『縄文人からの伝言』（集英社新書）、『縄文の列島文化』（山川出版社）。監修に『別冊宝島2337　素晴らしい日本文化の起源　岡村道雄が案内する縄文の世界』（宝島社）など。

図1　最初の列島人の渡来ルートと各地の文化圏

（旧石器時代）

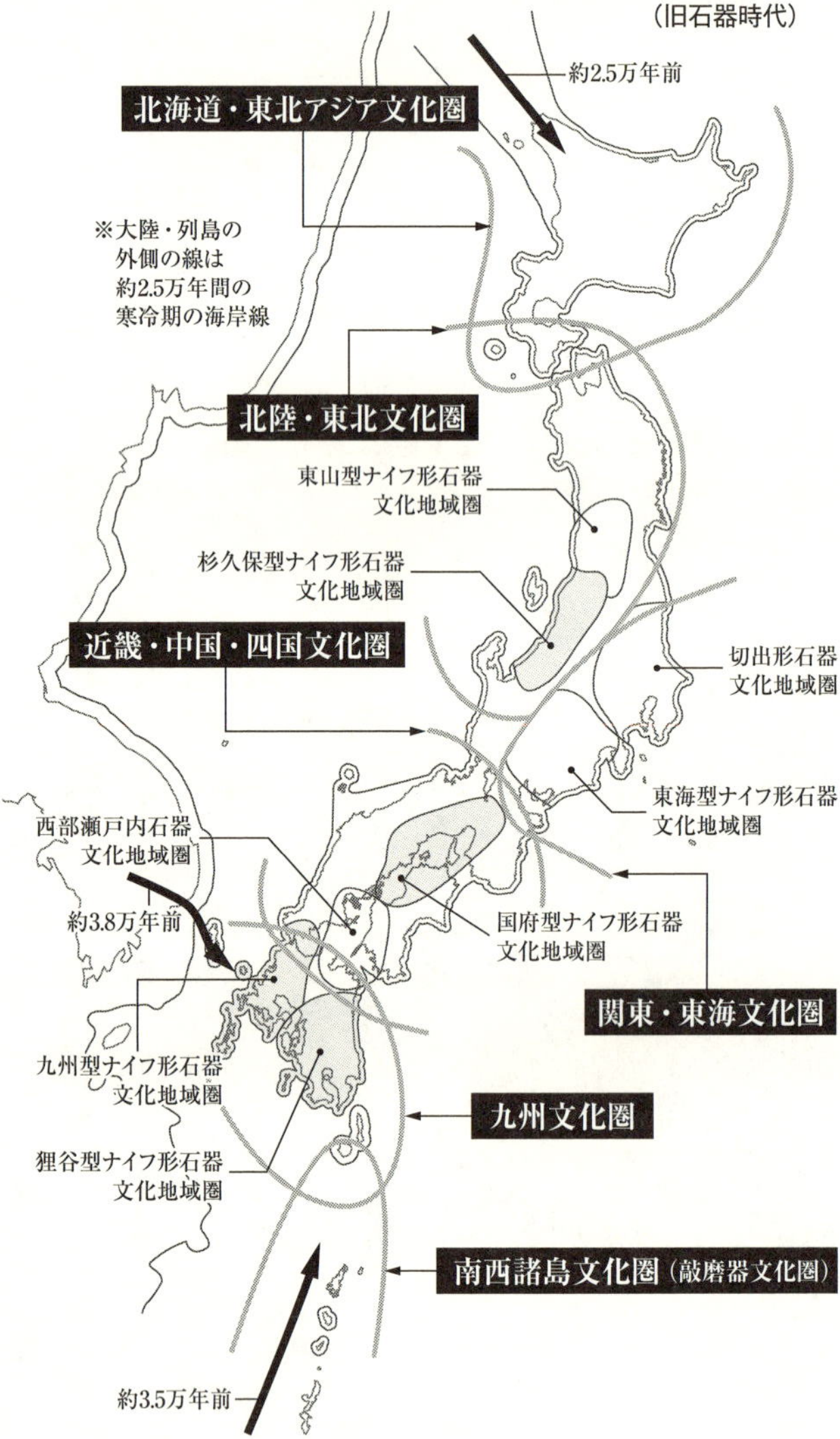

図2　縄文文化圏の東西と各地域文化圏

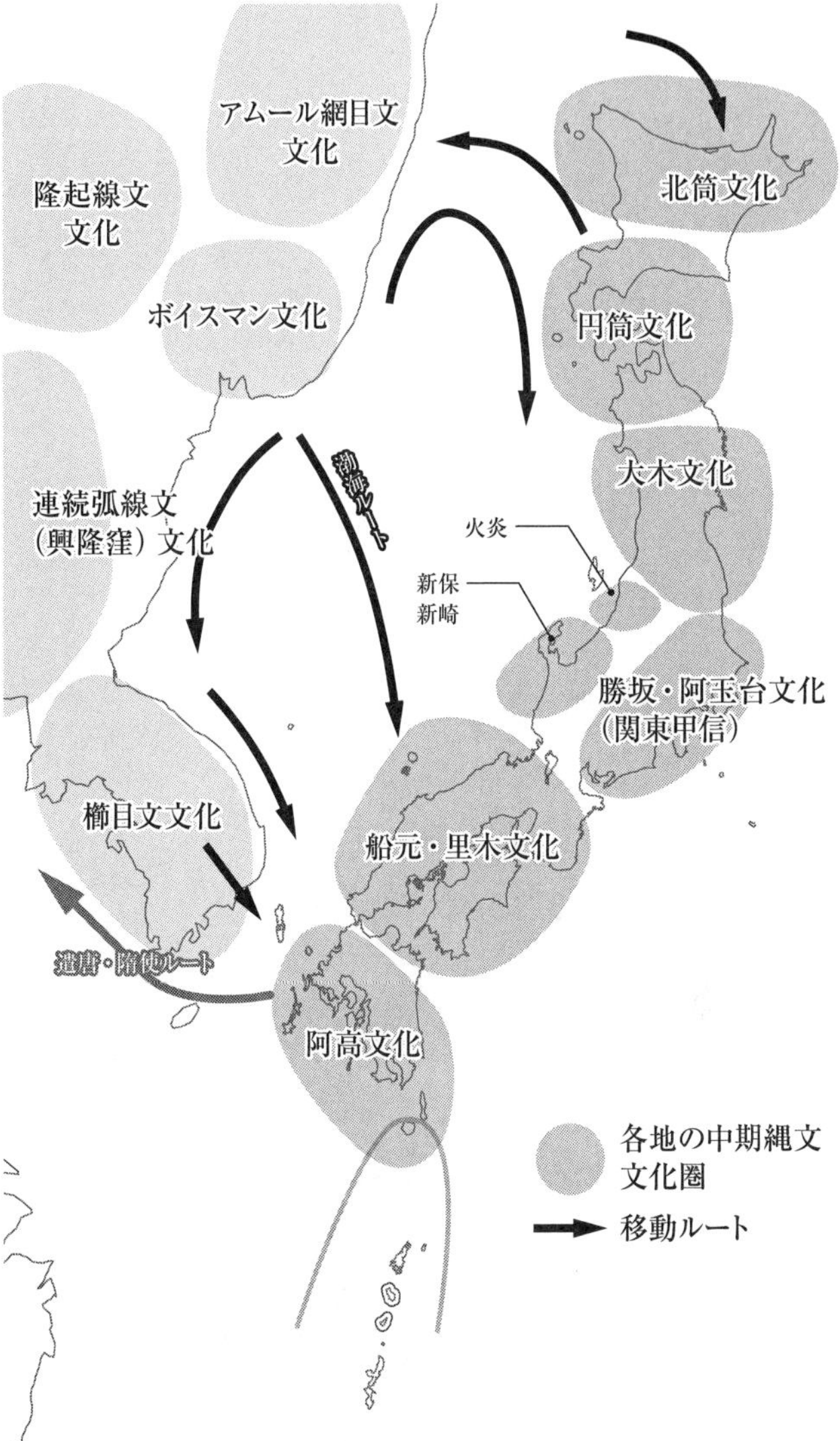

海道文化圏を作った。

旧石器時代には、大きく三つのルートから新人たちが日本列島にやって来て、それぞれの文化圏を作っていたのだ。

その後、本土では、石器の石材を含む地質・土壌や気候、動植物などの生態系の違いを背景に、より地域性がはっきりし、文化圏が大きく分かれた。その文化圏は、石器の基本的な作り方とその石器の形・デザインの違いで、さらに東北と関東甲信越・東海（あわせて東日本）、近畿・中四国（同じく西日本）、九州と六つに分けることができる。

その後、この旧石器時代に形成された六つの文化圏は、氷河時代から温暖な環境に変わった縄文時代になっても大きく変わりはしなかった。さらに、今日に至るまでそれは続いている。そして、それが、日本列島文化の文化的時空の枠組み（文化圏）、基層を形成してきたと私は考えている。

日本列島には、これらの旧石器時代遺跡が、本土から北海道の河川や湖沼沿い、そして高原に約1万5000か所も分布している。これらの旧石器時代の遺跡の段階で、すでに地域性があり、大きな文化圏を作っていた。それが現代日本の根底をなす文化を形成していたのだ。

縄文文化の誕生

ところで、これらの人々はどのように文化圏を発展させていったのだろうか。

氷河時代が終わって、約1・5万年前から急激な温暖化を迎えて海水面が上昇した。日本列島は現代と同じ海に囲まれた地形となり温暖湿潤な気候のもとで、季節ごとの違いをもつ多様な生態系が成立した。

彼らは、それらの自然に囲まれながら、自然と共に生きる文化を育てていった。自然に関する生態上の知識をもち、経験に基づく技術があり、土器の開発などによる高度な自然物の利用を果たした。さらに、土木工事も含む集落設営の技術などによって安定した定住生活を始めている。

そして、縄目文様・曲線文や突起など、独特な装飾性や造形をもつ縄文土器、さらに土偶・石棒《せきぼう》などの祭祀具（祭り用具）、石匙《せきひ》・石鏃《せきぞく》などの石器を使い始め、縄文文化と名づけられる独特な文化を形成した。

この縄文文化は、土器の使用や土屋根の竪穴住居建設による定住生活の始まりで、世界史的には新石器文化の段階と定義される。

このころ、東アジア、北東アジア、琉球諸島にも、それぞれの風土に適応した新石器文化圏（岡村2018、図2）が形成されている。

その中でも、この本土と北海道の縄文文化圏は、クリ林、ウルシ林や里山を育て、その豊かな資源を利用する技術をもつなど、旧石器時代に来た人々が日本の風土の中で作り上げた、日本独特の文化であるといえる。だからこそ、それは日本文化の原点を形作ったと私は考えている。

ただし、九州・西日本と、東海・北陸以北の東北日本は、生態系の違いによって大きく東西の文化圏に分かれた。九州・西日本のイチイガシと、東北日本のサケやクリ・トチノキ・クルミなどをメジャーフードとする文化圏に分かれたのだ。

これによって東西の地域差も作り出された。約1万年続いた縄文遺跡は九州から北海道まで、約9万か所もあるが、そのうちの約85%が東北日本に分布している。

図3　弥生時代の地域文化圏

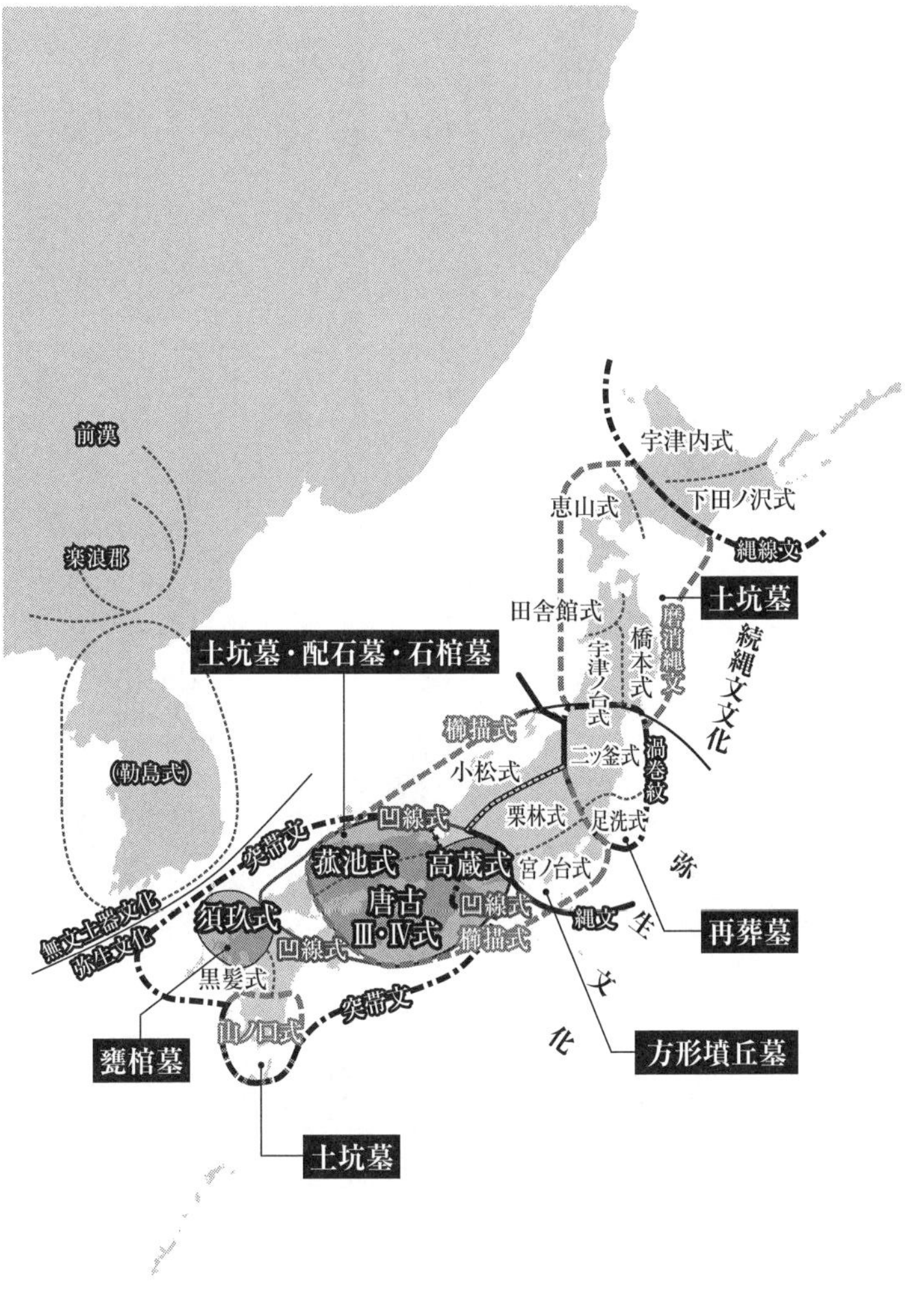

(日本第四紀学会編 1992 を基に作成)

さらに、この文化圏は、土器や土偶・石棒などの祭祀具などにある文様や形、作り方の違いによって細分化され、より細かい文化圏に分けることができる。それぞれの文化圏には、それぞれの共通のカミ、それぞれの宇宙観や哲学、ぞれぞれの習慣や祭祀の仕方などがあった。

特に東日本では縄文時代中期後半にクリや豆類の育成・栽培による自然経済・定住の安定化が進み、遺跡数・人口はピークを迎えた。これによって土器の装飾性・祭祀性、土偶・石棒など祭祀具の発達やカミガミへの信仰、祭りも盛んになった。また、地域の結束・個性も顕著になり、文化圏も狭く凝縮されていくことになる。

日本文化の原点の形成、今日まで継承された基層文化・縄文（表4）

私が、縄文文化は日本文化の原点であるという理由のひとつは、縄文人が作り出した自然物を利用する技術の多くが、今日まで継承されているからだ。文化の継続性は、それを支えた人々の一貫性をも示している。

私たち日本人は、旧石器・縄文時代から一貫して自然物を高度に利用する文化を継承してきた。その基本的なものを見てみよう。

水

古来、日本列島人は湧き水などを木枠や石組みで囲った水溜めにため、周囲に足場・道などを整備して多様な水利用を図ってきた。そして、水は洗い流して清める霊力ももつものとして崇めてきた。

多様な水利用は、江戸時代に上水網として発展し、現在の水道につながっている。そして、水の霊力は現在まで引き継がれ、神社に行けば、日本人の誰もが水を使って手と口を濯《そそ》ぐ。

火

縄文時代は、火きりで火をおこし、薪・炭火で暖を取り、火を照明に使い、乾燥用にも使った。そして最も有用だったのは土器を使っての煮炊きだった。

火はカミガミの中の筆頭カミで万物を清め、天上のカミガミに万物の魂を送った。

30年代の大変革期

近代 ＞ ＞ ＞ 昭和30年代 ＞

○産業、工業化（繊維、鉄）、近代化（自動車、電化、電子製品など）
洋服
大量生産と消費
化学繊維、既製服

都市の住宅、鉄筋の集合高層住宅

茅葺き住宅 → トタン屋根
高層住宅（セメント、アスベスト、新建材）

自給率40%
冷蔵・冷凍、インスタント
保存料、着色料、添加物
1953年家庭電化元年
（洗濯機・冷蔵庫・テレビ・電気ガマ）

缶詰

トイレ、江戸の
都市で一般化

多くの道具は最近まで続いたが、素材の変化（プラスチックなど）

○石炭、電気、水力発電　石油・火力発電　原子力発電
江戸の都市に水道　ガス・電子レンジ
水道の普及

移入・輸入（遠距離の流通）、電子マネー
観光・レジャー　エアコン
パソコン、スマホ
一地域に一寺と墓地　1965年頃火葬一般化

戦後の義務教育（受験戦争）学習塾・偏差値
明治に学校
親のしつけ、地域と自然が学校の役割
戦争✷ 戦争✷ 戦争✷　社会問題（交通事故・自殺・精神病・公害・温暖化・受験戦争・ゴミ問題など）

表4　日本文化の継承と縄文・弥生・近代化・昭和

縄文 〉〉〉 弥生 〉〉

○自然の素材で服、家、料理を作る
編布や毛皮で服を作る　はだかで暮らすことも

家と村（共同で働き、助け合いながら平和に暮らした）
鉄を使い、武器も作った（戦）
約1000年前まで都市以外は竪穴住居

地ならし（土地をけずり、盛土して整地）、土木技術（ほり棒、すきは縄文から）

狩り・魚とり、木の実や山菜、貝などをとる
弥生から米作り　約1300年前から米が税となる
農業 → 約800年前から灰・草・糞尿（肥料）
→ 漁業

日本食の始まり・縄文土器鍋料理　約1300年前に野菜

道具（木製品、縄紐、ザルカゴ、貝骨角製品、漆製品、石器は弥生前期まで）
食物のたくわえ、保存（干物・くんせい・塩づけ）
地下にほった貯蔵穴、建物の火だな
縄文の終わりから塩作り

○水、火（熱・エネルギー）
さまざまな水利用（水場）→ 弥生から井戸
炉からカマド（古墳から平安まで）・いろり、まき・炭

○お産、病気　座産・立産
置き葬・土葬

○物と人の交流　江戸の寛永通宝・商業の発達

○情報、娯楽、重労働、便利さ　藩の学校、江戸後期に寺子屋

○戦争・災害など

北海道入江貝塚などでポリオの埋葬

現在は、火の熱エネルギーは電力に替わったが、熱で暖を取り、乾燥用に使うのは変わっていない。また火の光は電気の照明になったが原理は同じだ。

また、火が様々な祭りや儀礼で使われることも変わっていない。

土や石などの自然物

縄文人は、粘土で土器を作った。石は材質や大きさ、そして形を選んで、それを川原石や鹿の角などをハンマーとして使ってたたき、鋭い刃をもったナイフ（石匙など）、石鏃、石槍などを作った。また、川原石などの平らな石を台石として木の実をつぶし、すって製粉しミンチを作り、ヤマイモなどをすりおろしている。

そして、現代でも、これらの土器や石器の道具は、素材が変わっても、その形や機能はほぼ変わっていない。

これら水、火、石だけに限らず、骨角・皮、木材・樹皮などの自然物を選択して利用する技術は、旧石器時代から獲得していたと思われる。縄文人たちは、それぞれの生態系・環境にあわせて施設を作り、道具を選択し、効率の良い種類と組合せなどによって高度に利用している。そして、それは今日まで続いているのだ。

縄文時代にあった各地の文化圏と民族の交流

縄文時代の各地の人々は、内なる安定と維持を志向していた。その点は江戸文化と似ているように思う。ただし、定住生活を安定的に維持していくために、必要な生活物資を確保し、補完するものとして、階層・立場・系統などを示すシンボルとしての威信材も必要であった。これらの必需品は、物流を通して手に入れていた。

縄文時代の人々は日本列島の各地に孤立していたが、決して他の地域と無縁だったわけでなく、かなり頻繁に交流していたようだ。それらの考古学的事象（物流）は、古くから指摘され、物流品の分布図が示されてきている。

さらに近年に入って、縄文時代における生産、流通に関する実態の解明が飛躍的に進んでいる。そして、以下に述べるような生産地と物流の実態が解明されてきた。

石材の採掘やそこでの加工。ヒスイやコハク、希少貝製品や耳飾りなどのブランド品や威信材の加工。祭祀用の土器や漆器類、製塩に加えて、漆の採取から漆器生産。アスファルト、ベンガラ、朱、粘土などの採掘・精製。さらには、生鮮食料の移出や魚介などの干物・塩蔵品（塩ワカメ・昆布なども）など。

そして、それらの物流の範囲は大きく分けて3つの場合があった。

①一日の徒歩可能な30〜40㎞圏内（行商可能圏）の物流。魚などの生鮮食料の場合。
②細分地域圏内での物流。
③地域文化圏内での物流。

③の地域文化圏内の物流の例を挙げれば、北海道の南部から東北北部にあった縄文晩期の亀ヶ岡文化圏では、秋田や道南、新潟産などのアスファルトが、川や湖沼沿いのルートなどを通って各地に分布している。また、同じような地域で縄文時代中期の円筒文化圏では岩手県久慈産のコハクや北海道日高産のアオトラ石の石斧が高率に分布している。

そして、富山・上越の蛇紋岩類製の石斧やヒスイ製品は、峠を越えて信州・諏訪湖周辺を経て関東一円にもたらされた。

さらに、これらのルートを逆に遡って銚子産のコハクが運ばれる。また九州の姫島、山陰の隠岐、伊豆七島の神津島の黒曜石は、対岸の本土に運ばれ、同じ文化圏の周辺に分布している。

これらの実態解明によって生産技術の発達、社会的・経済的ニーズの強さ、集落間の連携・相互扶助（社会ネットワーク）、人々の交流、集団の移動などが推定されるようになった。原産地からの搬出ルートにある中継集落から、土器などに入った石斧・石材、貝製腕輪、小型土器や貝殻に入れられた赤色顔料、漆、アスファルトが出土し、その分布が流通の実態やルートを示す可能性も見えてきた。

そして、当時の地層から幅数メートル前後の石敷き道や粘土による簡易舗装の道などが発掘され、陸路が作られたこともわかっている。さらに、約百の遺跡から170艘を超す丸木舟が出土している。それらは、この時代に水上交通の発達があったことの証明でもある。

私は、縄文時代の各文化圏同士の物流や交流が、次の時代、そして現代に至るまでの物流や人の交流の交通ルートの原型を作り出していたと考えている。単に固定的な文化だけでなく、人と人とを結ぶ交流のルートも縄文が原型だったと思うのだ。

より広がっていた縄文時代の物流と交流（図4）

縄文時代の物流や交流は相当な規模で行われていた。特に、祭祀用土器（漆彩文土器、有孔鍔付土器など）や漆器（竪櫛など）は、地域文化圏を離れて大きく移動した。それらは、内陸ルートだけでなく沿岸の日本海ルート、黒潮や親潮に乗った太平洋沿岸ルートと、その延長で大陸との物流もあった。海路は海流や北前船などの水運の歴史、弥生・古墳時代の墓制や鉄製品・玉などの分布などによっても研究されている。

河口での黒曜石やサヌカイト原石の陸揚げ、ヒスイや石斧未製品の津軽や陸奥湾奥での集中的出土から、縄文時代に、これらの品々が広域で動いたことがわかる。また、福井県の鳥浜貝塚、石川県の中谷サワ遺跡、山形県北の小山崎遺跡と出土数は少ないが、ココヤシの分布から日本海ルートが復元できる。さらに開窩式の銛頭や組合せ釣針が北海道から太平洋側を南下して分布するなど、これらも広域で動いていたと推定できる。

祭祀具・装身具などの移動からわかる縄文人の集団移動

縄文時代は定住生活であったが、それでも何らかの理由により、集団で移動することもあった。家族や集団が移動するときは、祭祀具や装身具も持って行き、移動した先でも祭祀の習慣を活かした伝統的な炉や家屋内の祭壇を作った。

例えば土器編年を時間的軸・傾斜として見たとき、縄文時代の炉や祭壇の型式が、土器の文様などの祭祀性や祭祀具など共に北上するのは、集団の継続的な移動を表している可能性が高い。

縄文時代中期に大木文化圏の蔵王西南山麓で始まった複式炉や三角形土版は、やがて火炎文化圏の信濃川中流域に移った。一方で、これらは、仙台平野を経ずに斧形土製品や滑車型耳飾りも伴って、北上川からその流域を青森平野まで北上した。

集団に支えられた精神文化が数百年の長い間に暫時、円筒文化圏に北上し両者が融合し、榎林《えのきばやし》土器、続いて最花式《さいはなしき》土器、陸奥大木10式土器へと大木化が進行した。これによって集団の融合、混血が進んだとみられる。

図4　縄文時代の姫川産ヒスイと黒曜石の移動

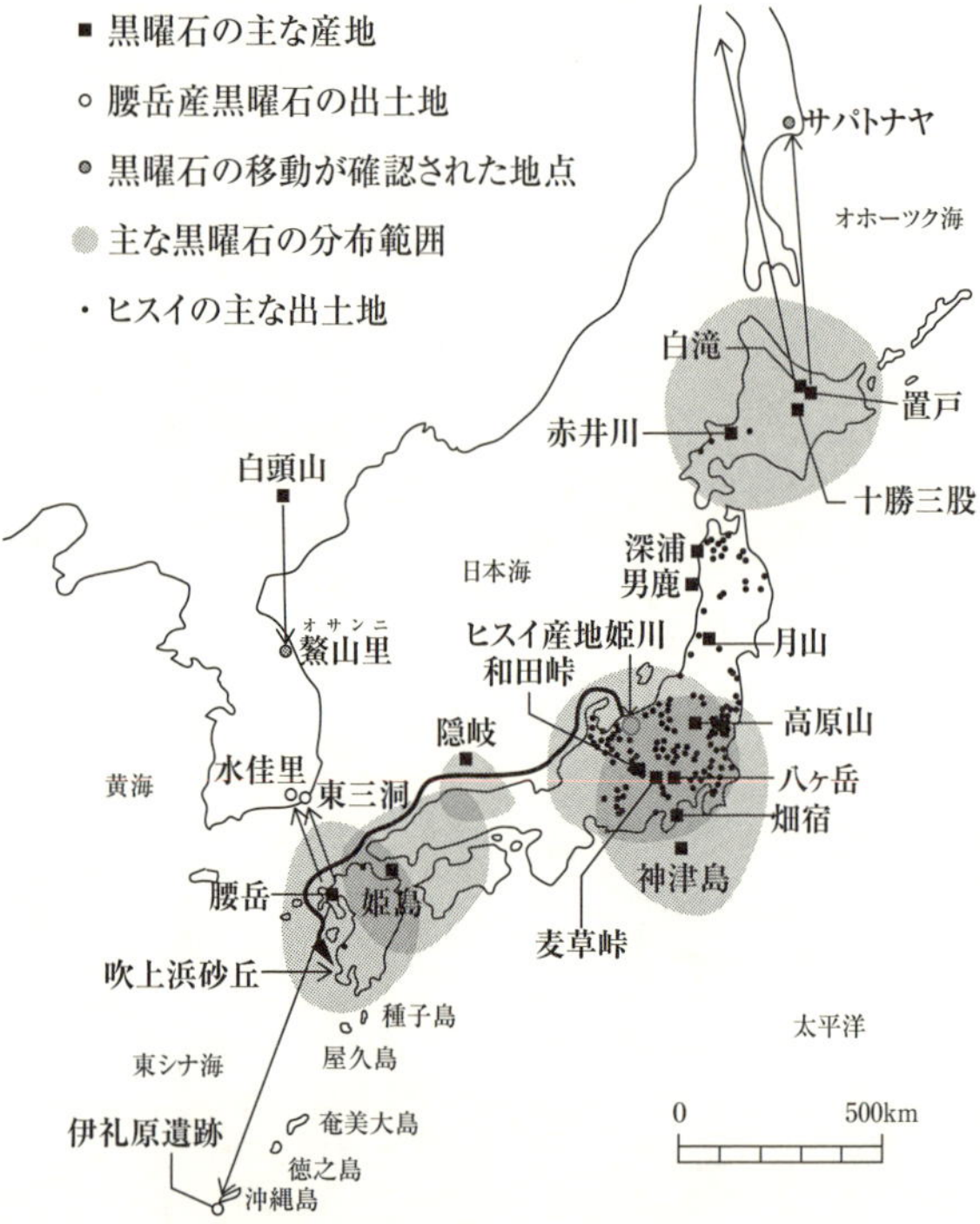

文化庁編二〇〇九『発掘された日本列島展』より

沖縄県伊礼原遺跡出土の黒曜石とヒスイ玉

縄文文化圏外の北方につながる文化（福田2017）

縄文文化にもある東・北東アジアにつながる「もの送り」儀礼は、自然にカミガミを認め・敬い、循環再生するカミガミを送って再生する哲学を、森の文化が醸成したものだ。土屋根竪穴建物も、寒冷な北方の風土に適応するための必然的な建物様式である。これらには、北方文化の直接的な技術導入、影響はなかっただろうと思われる。

しかし、一方で、北方文化との交流がわかる物の流れがある。北海道東北部の縄文時代早期後葉の地層から道東産の黒曜石で作った石刃鏃やアムール網目文土器などが出土する。それは、ロシア沿海州地方から間宮海峡を挟んでサハリン地方（現在のニブフ民族圏）で使われた。それが南下してきたものだ。

その後、石刃鏃は本州北端まで、また開窩離頭銛も組合せ釣針と共に縄文時代の前期には八戸・宮古、仙台湾まで南下してきた。

これは、環日本海と北方アジアからの漁労文化、海民の往来があったことを示している。日本列島の外、大陸との関係は朝鮮半島経由ばかりが語られるが、そうでないルートも確実にあった。

朝鮮海峡・環日本海でつながる文化

もちろん、縄文時代にも、朝鮮半島周辺と海峡をつなぐ物流、文化や集団移動があったことを示す考古学的証拠も多い。

九州産の黒曜石、石製の軸をもつオサンニ（鰲山里）型釣針や結合釣針などの漁具が、朝鮮半島と九州北部の両地域で出土する。漁具は海民が残したものであろう。朝鮮の櫛目文《くしめもん》土器の影響を受けた曽畑《そばたき》式土器は、九州に広がり、それに似た土器が沖縄県北谷《ちゃたん》町の伊礼原《いれいばる》遺跡からまとまって出ている。

また縄文時代の早期末から前期初頭に大陸産石材で作られた耳飾りを着けた人が、縄文文化の葬法とは違う墓群から発掘されている。この福井県桑野遺跡で埋葬された人々は、直接日本海を渡った渡来人の可能性がある。

同様に環日本海に分布する開窩離頭銛や玦状《けつじょう》耳飾りなども、その間の海民の移動を彷彿とさせる。

本土の縄文文化圏外だった琉球諸島南部

琉球諸島北部には、前述した前期の類曽畑式土器や九州の後晩期土器型式が出土する。しかし北部と南部の先島諸島には、それぞれ在地の土器が主に出土し、土偶・石棒は出土しない（伊藤２０１７）。耳飾りなど縄文的装身具、送り儀礼の痕跡もない。縄文的精神文化圏外にあり、独自の精神文化をもっていた。

ただし、東日本の亀ヶ岡式土器片や糸魚川産のヒスイも沖縄本島から出土し、これらは九州を経ずに海上ルートでこの地域にもたらされた可能性もある。また九州産の黒曜石製石器も発見され、逆にオオツタノハ・イモガイ・タカラガイ製品が九州にわたっている（図４）。

植物などの利用や分布、DNA分析などから見た動植物の移動や渡来

縄文人の定住生活が安定し始めた約一万年前からクリの利用が確認される。また縄文時代早期終わりころからウルシ、渡来栽培種と言われるアサ・ヒョウタン・エゴマも関東・北陸で、ゴボウ近似種は北陸・東北で育てられ始めた。ヒエも早期から北海道・東北北部に分布する（工藤／国立歴史民俗博物館編２０１３）。

ウルシは福井県鳥浜貝塚で約1・26万年前の原木が見つかっている。ウルシは植物学では渡来種であることが定説となっている。もしそうであるならば、約9000年前に北海道で始まり、縄文時代の前期初めに日本海側を南下するウルシ技術と同様に、ウルシは北の海路で縄文時代の初めに日本海側にもたらされたことになる。またゴボウ近似種もその分布や寒冷地適応性から見て北ルートで渡来したのであろう。

さらに在来の野生種であったヤブツルアズキ・ツルマメ・ツチマメが中期から育てられ、これらの実は大型化した。西日本ではイチイガシ、クリは琵琶湖周辺から北の本州に分布している。

縄文時代前期からは、集落の周辺で30本ほどを単位とするクリの根株（林跡）や高い率でクリ花粉が確認され、中期から実が大型化する。北東北地方中期の円筒文化圏では、津軽海峡を渡ってクリの分布が道南に拡大し、さらに後期には石狩低地まで北上している。この地域の現生のクリは、東北地方太平洋側のクリのDNAグループと一致しているため、東北北部の縄文人が中期に運び込んだ末裔と考えられている（鈴木2016）。

同様に本来北海道には分布しないイノシシがクリと同様に北海道に持ち込まれ、伊豆七島の大島でも本土からイノシシが舟で運ばれて飼育されていた。

いくつかの貴重な種が外から日本列島に持ち込まれ、同時に日本列島内で多くの動植物が文化圏をまたいで移動していた。縄文時代にも、豊かな物流と交流の痕跡が認められる。

日本文化の源流を作った縄文は、いたるところで開かれた縄文でもあった

私たち新人の日本列島への最初の渡来は、約3・8万年前の朝鮮半島経由である。その人々は古本州島、そして津軽海峡を北上して古北海道半島へと広がった。

この過程で、九州から関東まで石蒸し料理跡を残し、九州・本州にはナイフ形石器、本州では刃部などを磨いた石斧などを残している。これらは、世界的に見ても独特な固有の文化である。そして関東甲信では、集団が環状に集合した村、さらに東海地方にも広げて落とし穴群を残した。このように、日本列島に渡ってきた人々は、日本列島の九州から本州に広がる岩宿文化とでもいっていい日本固有の文化と民族を成立さ

せたのだ。

ほぼ同じころ、約3・5万年前に台湾経由で琉球諸島に新人が渡来した。彼らはおそらく礫や貝殻・骨角を素材とする道具をもち、洞穴へ風葬する文化圏を形成した。それは、今日まで本土とは違った文化圏、そして民族として継承された。

また北海道は約3万年前以前から本州の人々の移住が認められ、そこに約2・5万年前ごろ、ロシアのサハリン・沼海地方から古北海道半島に細石刃文化の人々が南下した。こういった経緯でアイヌのルーツ・祖先が成立したと考えられる。以後、しばしば北方の民族・文化流入が認められる。

このような歴史が、現在日本列島各地に住む日本人のルーツである。なお約2万年前には、さらに地域性・文化圏のまとまりと細分地域も顕著になる（図1）。

その後、劇的な温暖化による地形・環境・生態系の激変によって、その激変に対応した縄文文化が生まれる。新たな海洋環境、生態系に適応した定住、道具の使用が始まり、海洋・森・湖沼や川などの生態系への適応・育成・利用が進む。

そして、適応の違いや醸成された精神文化の違いによって個性が顕著になり、地域文化圏は九州では南北に二分され、東海、関東甲信、東北・北東北、道南・道東北などに細分され、それぞれに細分文化圏をもつに至った。

ただし、旧石器時代に形成された文化圏の在地・庶民の生活文化は、縄文時代、さらには弥生・古墳、古代を経ても、各地で祖先によって積み重ねられ、育成され日本文化として継承されてきた（図1〜3）。このような地域文化圏の分布と継承は、各地方の方言や食文化（沖縄や南九州の豚、西日本の牛や鳥、東日本や北海道の豚・サケなどの食材や塩味などの嗜好の偏り・傾向）にも伝わっているようだ。

つまり、各地の旧石器時代からの祖先、民族や集団は、それぞれ固有の文化をもって各地に定住した。そして、海外からの移住、国内での民族・集団の移動もあったが、民族的根幹、文化的伝統、歴史を大きく変えるような移動・往来は考古学的・文化的には考え難い。

ただし、この間、自らの技術革新、内外の他集団・民族からの教え・影響、海外からの技術導入や技術者集団の渡来・招聘などによって、文化は発展し革新された。例えば弥生時代になってからの灌漑技術を伴う米づくり、鉄などの金属利用。古墳時代からの竈、須恵器《すえき》生産。古代からの紙・文字の利用や礎石・瓦を用いた建物などである（表4）。

次々に高度な自然物の利用と加工・生産が、北方と日本海直接ルート、南のルート、そして多くは朝鮮半島や中国からの技術者集団によって伝えられ、それにともない物資や栽培植物なども運び込まれ、日本列島の各地に選択的に広がった。しかし、これらは常に順調できたわけではない。国・権力が内向きな時期と、逆に積極的な外交・外来文化や人々の受け入れ、海外進出の時期と、日本の歴史には紆余曲折があった。

だが、米づくりや律令制などの導入、飛躍的革新や大変革には、多くの渡来人が関与したと考えられ、「光は西から」とか「歴史・文化の西高東低」などと言われてきた。

最近の沖縄での後期旧石器人骨の世界的な発見、そして形質人類学やDNA解析など遺伝子研究の発展によって縄文人、弥生人などの調査研究が大いに期待されている。これまで北九州の甕棺に埋葬された本場の弥生人骨と南東北の貝塚縄文人などを直接的に比較して、その大きな差から、大量の渡来人を想定し、朝鮮半島周辺経由の渡来集団とその子孫の全国的拡大という「仮説・モデル」が強調されてきた。

しかし、近年の研究によって意外に強かった北方ルートの遺伝子の流入や文化の影響、そして海民などの南下、各地の縄文集落内での遺伝子系統の多様性が明らかになった。そのため、多量の大陸系渡来人説は、次第に影をひそめている。

今後は、西からの大陸系渡来人や稲作文化の影響が少なかった東北・北海道人や南九州人などの古人骨調査やＤＮＡ分析研究が増えることを期待したい。それらの資料数を増やして母集団の構成やバラツキを検討してほしい。また、植物考古学には、帰化・栽培植物とその渡来・系統問題を含めた研究の進展も期待したい。

ちなみに、動植物とも環境変化、食生活環境の変化・違いは、遺伝子や形質に影響しないのだろうか。各学問分野の独自な分析・研究方法を活かして、総合的・学際的議論が望まれる（海部２０１９）。

それらの研究によって、新たな日本人起源説が登場してくるかもしれない。まだまだ、日本人は未知につつまれている。

参考文献

伊藤慎二2017「2 縄文文化における南の範囲」『縄文時代』吉川弘文館
岡村道雄2018『縄文の列島文化』山川出版社
海部陽介2019「考古学と自然人類学が目指すべきもの」『考古学ジャーナルNo.730』ニュー・サイエンス社
工藤雄一郎/国立歴史民俗博物館編2014『ここまでわかった!縄文人の植物利用』新泉社
鈴木三男2016『ものが語る歴史33 クリの木と縄文人』同成社
福田正宏2017「2 縄文文化における北の範囲」『縄文時代』吉川弘文館

弥生時代に現代日本人のDNAは作られた!

インタビュー/**藤尾慎一郎**(国立歴史民俗博物館研究部教授)
聞き手&文/編集部・小林大作

考古学者として主に弥生時代を研究している藤尾慎一郎氏に、「日本人の起源」をテーマにお話を伺った。いかに縄文人は弥生人になったのか。『再考!縄文と弥生』という編著を持つ藤尾氏が、その核心に迫る。(編集部)

縄文人は穀物栽培をしていなかった

編集部・小林大作（以下、編集部）　先生の著作の中で、弥生の稲作を園耕民である**縄文人が受け入れたという記述がありますが、縄文人は園耕をしていたのでしょうか。**

藤尾慎一郎氏（以下、藤尾）　園耕民という言葉は主に90年代に使っていました。それは、その当時、多くの研究者が縄文人も穀物栽培をしていたと考えていたので、それを前提に使っていました。しかし、今や縄文人は穀物栽培をしてはいなかったということが、明らかにされつつあります。

そのために、園耕民ではなく、穀物栽培をまったくやったことのない縄文人のところに、水田稲作が入ってきて、それが広がってきたという図式になっています。

そもそも縄文後・晩期に、縄文人が穀物栽培をしていたと考えられた根拠のひとつは、縄文時代後期の土器にイネのスタンプ痕がついていたことです。

そして、もうひとつの根拠はプラント・オパールです。プラント・オパールは、イネ科植物に特徴的なガラスの結晶体です。ススキに触ると手が切れることがありますが、あれはガラスが葉や茎などに入っているからです。このガラスはイネ科植物によって形が違います。

そのため、調べれば、すぐにイネのプロント・オパールだということがわかります。それが弥生土器の出てくる地層の下からも出てくるということで、縄文人も稲作をしていたのではないかといわれていたわけです。

それは、2000年代までいわれていました。しかし、現在、プラントオパールを根拠に、縄文時代後・晩期の稲作を主張する研究者はかなり少なくなってきました。

PROFILE

藤尾慎一郎（ふじお・しんいちろう）

1959年福岡県生まれ。広島大学文学部史学科卒業。国立歴史民俗博物館研究部教授。専門は先史考古学。国立歴史民俗博物館のAMS炭素14年代測定による弥生時代の開始時期の研究において主導的役割を担う。主な著書『〈新〉弥生時代五〇〇年早かった水田稲作』『弥生文化像の新構築』（共に吉川弘文館）、『弥生時代の歴史』（講談社）など。

まず、イネのスタンプ痕ですが、レプリカ法という方法で調べます。土器の表面に空いている微細な穴に樹脂を埋め込んで、樹脂が固まったら取り出して、樹脂に写し取られた模様を電子顕微鏡で見ます。そうすると、どういう植物かわかります。

レプリカ法によって、イネのスタンプ痕といわれていたものがイネでなかったり、ついていた土器自身の時期が、縄文時代のものではなかったりして、99パーセント否定されてしまったのです。

それでも、唯一、縄文時代にイネが存在していた証拠があります。縄文時代晩期の最後になって、イネのスタンプ痕のついた土器が奥出雲の山中にある島根県板屋Ⅲ遺跡で見つかっています。それによって、コメがあったことは確実視されていますが、作っていたのかどうかは決め手に欠けています。もし作っていても歴史を変えるようなものではなかったと考えられています。

また、プラント・オパールですが、プラント・オパール自身は、いつごろのものかは特定できません。いつごろかを調べるには、プラント・オパールが堆積した層から判断するわけですが、1万年前の地層からも出てくることがありました。

それだと、縄文時代早期からあったことになってしまうので不自然なわけです。原因は、プラント・オパールがあまりにも小さなミクロン単位の物質なので、虫やモグラやミミズなどの活動によって、より深い層にもぐりこんでしまった可能性が否定できないからです。たとえば、上に水田があり、モグラなどが掘った穴から、地下水と一緒により深い層に入りこんでしまった可能性を否定することはできません。

そうなると、プラント・オパールも縄文時代に稲作があったことの決定的な証拠にはならないというわけです。

穀物の栽培をすることで大きく社会は変化する

編集部　縄文時代に稲作はなかったとしても、三内丸山遺跡からはクリが管理されていた痕跡が見つかっています。穀物栽培はしてなくても作物の栽培はしていたのではないでしょうか。その意味では園耕民という言葉を使ってもいいと思いますが。

藤尾　縄文人の生業は基本的に採集狩猟でしたが、一部、クリのような野生植物の管理をしていることがあるので、私は、あえて園耕民という言葉を使いました。しかし、文化人類学者から「それは採集狩猟民である」と指摘されたのです。

採集狩猟民でも栽培はします。園耕という言葉は英語では、Horticultureといいます。もとは園芸という意味で使われる英語です。園耕は、補助的な範囲で行うことであって、それが食料を手に入れるための、中心的存在ではないということです。

そのことを、文化人類学者と話してから、私は園耕民という言葉は使っていません。縄文人は狩猟採集民であって、穀物栽培、稲作はやっていません。ただし、さきほどおっしゃられたようにクリやマメ類などの、完全に野生とはいえないものを管理しています。これは縄文人の特徴ともいえます。しかし、そのような栽培では、社会そのものを変えることにはならないのです。

穀物の栽培をすることで社会は大きく変わるのです。日本列島の場合はそれがイネになります。それは弥生時代に始まりました。縄文人が穀物栽培を少々体験してから稲作が入ってきたというよりは、穀物に関してはまったく経験のない、ゼロのところに稲作が入ってきたと、いまは考えています。

まず、若い縄文人が稲作を受け入れた

編集部　そこでふたつ疑問があるのですが、なぜ、稲作が入ってくると社会の構造が変わるのでしょうか。また、その稲作を、なぜ、縄文人は受け入れたのでしょうか。

藤尾　コメは、江戸時代に大名の石高、財力の基準として扱われていたように食物以外の付加価値が非常に高いものなのです。石高のように、税金の対象にもなりますし宗教的な対象にもなります。コメには、クリなどの堅果類やマメ類にはない付加価値があるのです。

その稲作を、なぜ縄文人は始めたのかですが、確かに、稲作は採集狩猟に比べれば労働力が非常に必要になります。以前は、東日本に比べて、西日本は食料資源が少なかったために、それを補うために稲作を始めたといわれていました。

しかし、最近は、こうした食料窮乏説は大きな理由ではないといわれています。また、以前は、イネと一緒に鉄が来たといわれていました。そのために、それまで金属器を知らなかった縄文人が、鉄などの道具を手に入れるためには稲作が必要と考えて、稲作を受け入れたという説明もしていました。

しかし、現在、金属器の日本列島への伝来は弥生時代の前期末と考えられるので、鉄器がほしくて稲作を始めたという説明は成り立たなくなっています。

では、なぜ縄文人が稲作を始めたのか。これに対する確定的な説明はありません。しかし、可能性として、私が考えていることがあります。

稲作が日本列島に入ってくるころの福岡市の遺跡分布を見ると、縄文人は水田稲作にとって条件のいい平野の下流域には住んでいません。水田稲作に適した場所は、縄文人にとって魅力のある土地ではなかったようです。

縄文人にとって魅力ある場所は森とか川がある複数の生態系が交わるところです。川の下流域というよりは中流域や上流域、そういうところに縄文の遺跡があります。

それに対して、最初に水田が拓かれるところは、それまで縄文人があまり魅力を感じていなかったところであり、そこに突然ポンと出てくるわけです。まさしくそこは水田稲作をするには便利なところで、なおかつ誰も利用していないところです。誰かが利用している場所だったら、なかなか簡単に開墾はできないでしょうが、誰も利用していなかったから可能だったのです。

この状況を見て、最初に米作りした人たちは朝鮮半島から来た人たち（渡来人）オンリーだとする説もあります。渡来人にとって、ネイティブ（縄文人）がいないところの土地のほうが利用しやすいからです。しかし、下流域に水田を拓いた集団の構成はどうも渡来人だけではなさそうなのです。

彼らが使っていたと思われる道具を見ると、もちろん農具のように縄文人が使っていなかった新しい道具も出てくるのですが、まわりのネイティブたちが使っている土器も出てきます。そのため、渡来人とネイティブの一部が、一緒になって水田稲作をしていたと考えられるのです。

では、ネイティブのなかのどのような人びとが渡来人と稲作をしていたのでしょうか。それは、若い人たち、好奇心旺盛な人たちが最初に水田稲作にとりくんだのではないかと、私は考えています。

年齢の高い人が新しいことに挑むのは、ハードルが高いのです。米作りは、何もないところから始めて、収穫は半年先の秋になります。それも収穫できるかどうかは、やってみないとわからない。かなり勇気が必要です。

さらに、朝鮮半島から来た人たちも子孫を繁栄させていかなければなりません。だからといって、身内で婚姻ばかりしているわけにもいきません。そうなると相手は外に求めることになります。もちろん、その場合も相手として選ばれるのは年配者ではなく、若い人たちですよね。

したがって、好奇心があって、婚姻の対象になる若いネイティブが、渡来人と一緒になって米作りをするようになったのではないかと考えているわけです。

また、昭和30年代までの日本でもそうでしたが、長男は家を継ぎますけれども、次男、三男になると家を出て行くことがあります。同じように、次男、三男の若い人たちが家を出て、渡来人と結びついたのではないかと考えられるのです。

これは、あくまでも仮説であって、証明が難しいのですが、ヨーロッパの先史文化研究にも、このような事例が想定されているので、私は90年代のなかごろからそのように考えています。

戦いは農耕民同士で行われていた

編集部　その水田稲作はどのように広がっていったのでしょうか。

藤尾　福岡市周辺の遺跡を調べると、下流域で水田稲作が始まっていても、同じ時期の中流域や上流域では、縄文のままの生活が行われていたことがわかります。そういう状態がずっと並存するのです。下流域の土器と、中流域や上流域の土器は違うものが出てきます。

それが250年ぐらい経つと、下流域から中流域、上流域まで同じような土器になっていきます。そのため、中流域や上流域の人たちも200年から250年くらいで、生活の基本が水田稲作に変わったと考えられるのです。それは、弥生的な生活に転換したということです。

では、なぜ、転換したのでしょうか。それは、競争という名の戦いだったと考えられます。弥生時代になると集団戦が行われるようになりました。縄文人は武器を持っていません。斧やナイフなど武器になるようなものは持っていましたが、それは武器としてではなく、生活道具として作られたものでした。痴話げんかなどで、使われることがあっても、集団戦で用いるための道具ではなかったのです。

初期の戦いの原因は水と土地といわれています。水は上流から流れてきますから、上流で水を使いきってしまったり、汚してしまったりすると、下流では水が使えません。また、水田稲作を行うようになると人口が増えますから、増えた人口を養うためには、さらに多くの土地が必要になります。

下流域で水田稲作をやっていた人は、新しい土地を求めて中流域から上流域へ土地を求めて上っていきます。そうなると、中・上流域に暮らしていたネイティブたちと利害が抵触することになります。

戦いといえば、かつては、ネイティブと水田稲作民が戦ったと考えられていたのですが、どうもそうではないようです。両者が戦った痕跡が出てきません。ましてや渡来人がネイティブを駆逐したとは考えられません。

出土遺物を見ると、農耕民同士しか戦っていないようなのです。そうなると、中・上流域のネイティブも農耕民になっていないといけません。

では、なぜ中・上流域のネイティブが農耕民になったのでしょうか。それは、中・上流域のネイティブも、下流域の農耕民から水や土地などの限られた資源を守るためには、下流域の農耕民と競い合うだけの基盤が必要になるからだと思います。その基盤を作るためにネイティブも水田稲作をするようになったのではないかと考えているのです。

ただし、福岡市周辺の上流域のネイティブが水田稲作を始めるまでに200年から250年かかっています。一気に転換したわけではありません。かなり時間がかかっているのです。そして、近畿まで水田稲作が伝わるのに約250年、青森までは約600年、関東南部までが約700年かかっています。これだけの時間がかかって九州、四国、本州の日本列島に水田稲作を行う人びとが増えていったのです。

平和裏だった渡来人と縄文人の交流

編集部　その間、渡来人とネイティブとの交易などはなかったのでしょうか。

藤尾　交流はあります。渡来人も道具が必要になります。金属の道具がない時代なので、石の斧などの道具が必要になります。また、木材も農具に適したものが必要になります。カシの木などですが、縄文人はカシをほとんど利用しませんでした。渡来人は、そのような石や木材がどこにあるのか知らないわけです。

それを知っているのが、地元の人たち（ネイティブ）ですから、渡来人は地元の人に聞いているわけです。そして、渡来人は、朝鮮半島で使われていた石とよく似た石を探し出して使っています。

したがって、情報交流はあって、その過程で、お礼として米を贈ったり、他のものを贈られたりしたことは当然あったと思います。出会いがあればカップルも生まれますよね。それも、平和裏な関係で行われたと想定しています。戦いの痕跡がありませんから。

編集部　ところで、なぜ渡来人は朝鮮半島からやって来たのでしょうか。

藤尾　大きく理由はふたつあります。ひとつは気候の変化です。

弥生時代が始まる紀元前10世紀ころは、東アジアが非常に寒くなっていた時期です。そのため、朝鮮半島南部の人びとが、稲作をしやすい暖かい南の環境を求めて、九州に渡ってきた可能性です。

もうひとつは、朝鮮半島の水田稲作社会で顕在化した社会的な矛盾です。

朝鮮半島の南部では、人びとが日本列島に来る100年以上前に水田稲作が始まっています。そのため、紀元前10世紀頃には早くも朝鮮半島では、土地不足があったり、格差のようなものが表面化しており、社会的に生活が苦しかった人びとも出てきたりしていたと、韓国の研究者は考えています。

このような、朝鮮半島の水田稲作社会の矛盾から逃れたい人たちが、気候悪化に背中をおされて海をわたったと、考えられるのです。

朝鮮半島の採集狩猟民にとって魅力的でなかった日本列島？

編集部　そこで、ひとつ疑問なのですが、縄文時代にも朝鮮半島の人びとと日本列島人とは交流があったと思いますが、なぜ、弥生時代のように、日本列島に渡ってこなかったのでしょうか。

藤尾　確かに朝鮮半島南部の遺跡から縄文時代に日本列島産の黒曜石が出ますし、縄文土器や韓国の櫛目文土器がお互いの海岸部の遺跡で出土します。縄文時代に朝鮮半島と日本列島の人びととの間に交流があったことは間違いありません。

先述したように水田稲作民にとって、南の日本列島は暖かくて魅力的だったと思いますが、採集狩猟民にとってはそれほど魅力的ではなかったのかもしれません。日本列島でも東日本と西日本では縄文文化の栄え方が違います。東日本は落葉広葉樹林帯にあり、クリやトチノキなどの特定の堅果類が大量に採れたのです。青森県三内丸山がその代表例です。一方西日本は照葉樹林帯にあるため、堅果類の種類は多いのですが、特定種が大量に採れることはありませんでした。

そして、朝鮮半島ですが、南部は別として北部は落葉樹林帯に位置し、東日本と同様、日本列島の西日本に比べて豊かだったと考えられます。集団となり、九州に渡る必要性は少なかったのではなかったのでしょうか。

宮城県の北部、利根川以北で文化的・生態的境があった可能性が

編集部　米作りについてですが、青森でも一時期稲作が行われますが、行われなくなります。そして、その後古代になるまでは行われていません。しかし、仙台では断絶することなく継続します。その違いは、なぜでしょうか。

藤尾　ひとつは、弥生後期は中期に比べて寒くなります。そのため、北の地域では、米作りが不利になったと考えられます。そのような気候的な問題があります。

また、弥生時代の中期のおわりごろに3・11の東日本大震災に匹敵する大津波が東北地方の太平洋岸を襲いました。そのとき、現在の仙台東部道路付近までの水田が壊滅します。しかし、おっしゃるように、仙台平野の弥生人たちは、稲作をやめずにほかに場所で細々と水田稲作を続けています。

そして、古墳時代になって、かつて水田だった土地から塩分が抜けたころに戻ってきて、稲作をまた始めるわけです。しかし、青森の人は5世紀まで始めません。

それは、文化的、生態的な違いがあるのだと思います。前方後円墳の北限が、宮城県北部の大崎平野から、岩手県の南部に見つかった角塚古墳あたりです。これより北部には前方後円墳がありません。ここを境にして北と南では、文化的・生態的な違いがあるのだと思います。

また、利根川あたりにも境があるように思います。利根川は江戸時代に流路を変えられた川です。縄文海進のころ、千葉と茨城の間には、香取の海という、霞ヶ浦よりも広い海がはいり込んでいました。そのため、現在の千葉県あたりが地勢的な境界になっていたと思います。

また、利根川のあたりまでは夏期に北東の湿った冷たい季節風がふきます。東北地方でヤマセと呼ばれている北東の季節風のことです。私は福岡の出身ですが、千葉県の佐倉市にきて30年になりますけど、梅雨の時期に、非常に寒く感じたことがあります。佐倉市は利根川より南にありますが、ここでさえ北東の季節風がふくのです。

ヤマセのふく時期はちょうど梅雨の時期で、稲が伸びるころです。梅雨寒《つゆざむ》という言葉ありますが、西日本にはありません。６月、７月に利根川あたりには寒い風がふくのです。

そのためかどうかはわかりませんが、利根川あたりを境に環壕集落がみられなくなります。茨城県にも１００軒規模の弥生後期の集落はあるのです。だから、人口規模から見れば、環壕集落が造られてもおかしくないのですが、ないのです。でも３～４世紀になれば西日本からそれほど遅れずに巨大な前方後円墳が造られます。

それを考えると、利根川あたりにも文化的・生態的な境があるように思います。これは、西日本で前方後円墳が造られるようになるまでの過程とかなり違います。西日本では環壕集落を指標とする農耕社会が造られてから、前方後円墳が造られるのですが、利根川以北では農耕社会が成立したことを示す考古学的な証拠がないにもかかわらず前方後円墳が現れます。

西日本では、農耕社会ができて社会的なリーダーが現れ、祭りや祭祀を行うようになってから、古墳を造るようになるのです。しかし、利根川以北では、集落はあっても、古墳を造れるような権力を持ったリーダーが現れた考古学的な形跡がみられないにもかかわらず、前方後円墳が造られるのです。

唯物史観的にいえば、農耕社会の下部構造ができていないにもかかわらず、前方後円墳という上部構造ができてしまっています。

そのため、私は前方後円墳自体、農耕社会と切り離された政治的、祭祀的な意味を持つものとして広がっていったのではないかと考えています。

ピルグリム・ファーザーズだった渡来人？

編集部　先ほど、仙台の人びとは、津波の後も水田稲作を続けていますが、青森の人は数百年間、コメを作らなかったとおっしゃいました。その文化的な背景には何があるのでしょうか。

藤尾　米作りの目的が、根本的に異なっていたのではないかと思うのです。青森と仙台の人たちとの違いというよりは、環壕集落を造る人たちと、そうでない人の違いです。環壕集落を造らない青森の人にとっては、米は食糧もしくは交換財でしかなかったのだと思います。米は食べるか、毛皮などと交換する交換財でしかなかったのでしょう。

さきほども少し触れましたが、西日本の環壕集落を造るところの人たちにとっては、米作りには、それ以上の付加価値が多く付いていたのだと思うのです。

稲作をすることが一種のステイタスで、青銅器も手に入れることができるという、米だけが目的ではなくて、稲作が生産基盤として支えている社会を造ること自体が目的だったのではないかと思うのです。

日本列島で水田稲作が始まったころの朝鮮半島南部は青銅器文化が栄えた社会でした。そのため、トップクラスの人びとは青銅器の武器を副葬品として持っています。実際、朝鮮半島南部では青銅器を副葬品として持つ墓が見つかります。当時の青銅器は遼寧式銅剣とよばれる中国東北部系の青銅器ですが、九州北部の人たちはそのような青銅器を持っていませんでした。九州北部に青銅器が現れるのは、それから600年後の朝鮮式青銅器とよばれる朝鮮半島で作られた武器形の青銅器からです。

紀元前9~8世紀の九州北部の墓から副葬品として見つかるのは、石の剣だけです。したがって水田稲作を持ち込んだのは、青銅器を持てるような、朝鮮半島南部のトップクラスの人びとではなく、その下の石剣を持てるクラスの人びとだったのではないかと思います。そういう人びとを食い詰めた水田稲作民と理解することは適切ではないでしょう。その人たちにとって、九州北部で朝鮮半島の青銅器をもつような社会を造ることが目的だったと思います。いや、それ以上の自分たちの社会を作りたかったのかもしれません。

そして、そのような社会を経済的に支えていたのが水田稲作で、水田稲作をすることによって、実現できる社会。それを目的として米作りをしたわけです。

紀元前10世紀に水田稲作を持ちこんだ人びとは、現代風にいえば、ボートピープルのような難民ではなくて、アメリカに新たな理想郷を作ろうとしたピルグリム・ファーザーズのような人たちだったのかもしれませんね。

ピルグリム・ファーザーズは、迫害されてイギリスから脱出したけれど、単に逃げたのではなくて、新天地に新しい社会を築こうとしてアメリカにやって来たのです。

それと同じように、渡来人は、朝鮮半島の水田稲作社会の格差から追い出されるように日本列島に来たけれど、単に食い詰めた水田稲作民だったとは思えません。生産基盤としての米作りの基本を知っており、同時にその社会の持つ魅力や仕組みも知った上で、自分たちの社会を作ろうとして来た人びとだったのかもしれないのです。

そして、そのような渡来人の目的に感化された人びとが水田稲作を受け入れ環壕集落を造った。環壕集落を造らなかった人たちは、そういう目的が欠落していたか、もともと知らなかったのではないでしょうか。

環壕集落のルーツは中国中原にありますから、そうした考えも、もとをたどれば中国に求められるのです。

生産基盤としても、まつりとしても、交換財としても、稲が社会の中心だった

編集部　なぜ、環壕集落を造るのですか？

藤尾　環壕集落は約8000年前に、中国の黄河中流域でアワやキビを作り始めると現れます。これはコムギ栽培が始まる西アジアでも一緒です。農耕社会が成立すると造られます。

造る理由については、いくつか説があります。代表的なものは、穀物栽培をすると蓄えができるので、それを守らないといけないだとか、さらに、土地の概念が出てくるので、自分たちの区画をはっきりさせるため。そして、蓄えだけでなく、自分たちの集落の防御、などです。

私も、どれかひとつというより、さまざまな機能を持っていたと思います。

編集部　縄文時代から弥生時代になると、環壕集落とかの目に見える部分だけでなく、精神文化も変わってくると思いますが、大きな違いはどこでしょうか。

藤尾　縄文人はいろいろなものにおそれを抱いていたと思います。採集狩猟民ですから、さまざまなものが食料になり道具になります。動物も植物も石などもおそれの対象になります。しかし、水田稲作になると、基本は米です。コメという唯一絶対のものが重要な対象になるのです。ですからその豊穣を祈るまつりが重要視されることになります。

多種多様な食料に満遍なく依存する縄文時代に飢餓はなかったかもしれません。しかしひとつの食物に頼ると、それが採れなくなると飢餓に陥ります。弥生人にとって、飢餓にならないためにはコメの豊穣が一番大切になります。だから、まつりの中心は豊穣を祈る農耕祭祀になります。

ただし、弥生時代になったからといって、米だけを食べていたわけではありませんし、食料の8割や9割を米が占めていたわけではありません。当然、魚や動物も食べていたでしょうし、どんぐりも発掘されます。

さらにいえば、本当に米を食べていたかどうかもわかりません。我が家では三世代同居だったせいか昭和40年代まで麦いりのご飯をよく食べていました。ましてや弥生人が米だけを食べていたということはないと思います。

あくまで、生産基盤としても、宗教としても、交換財としても、稲が中心の社会だったということなのです。これが弥生時代なのです。

縄文から弥生へ、というのは、精神的にも大きな転換だったと思います。縄文人がシカやイノシシなどを獲り、どんぐりを拾っていた森を、弥生人は耕作地や水路を通すために切り拓くわけです。恵みを与えてくれる霊が存在する森を、弥生人はつぶしてしまうのです。

そのときに、霊たちの怒りが降りかかってくることを恐れていては森を切り拓くことなどできないのです。水田稲作を始めるということは、精神的には、高いハードルを乗り越える必要があったのです。

編集部　**日本列島の中で弥生文化は、どこまで広がっているのでしょうか？**

藤尾　さきほどお話ししたとおり、前方後円墳ができるのは、北は仙台まで、南は大隅半島までです。薩摩半島にはありません。環壕集落も大隅半島にはありますが、薩摩半島にはありません。弥生時代の九州南部の中心は大隅半島でした。

昔の交通路は海ですから、瀬戸内海から南下すれば大隅半島です。宮崎に前方後円墳が多くあるのも、瀬戸内海から行けるからです。

一方環壕集落の分布をみると、東は太平洋側が利根川、日本海側は新潟県村上市までです。

したがって環壕集落の分布からみれば、典型的な弥生文化は大隅から利根川と村上を結ぶ線までと言えるのではないでしょうか。

大陸の一番端にある日本には古くからの文化が最後まで残る

編集部　ところで、前方後円墳は日本独自のものと考えていいのでしょうか。

藤尾　いまのところ、一番古い前方後円墳は日本列島で見つかっています。3世紀には登場しています。朝鮮半島にもありますが、全南地方の5世紀にみられる程度で、時期的にも地域的に限られます。

円墳や方墳は大陸の各地で見つかりますが、前方後円墳の古いものは日本だけで見つかります。そういう意味では日本独自といえるかもしれません。しかし、日本は大陸の一番東の端にあります。その先は海です。そのため、大陸の文化が伝わってくるのも一番最後になってからですが、伝わってきた大陸の文化が一番遅くまで残っているともいえるわけです。

たとえば、中国起源の元号ですが、残っているのは日本だけです。昔は中国にも、朝鮮半島にも、台湾にもありました。

そして、大陸の文化が日本に伝わってきても、そのままのすがたで残っている例はまずなく、大抵日本独自のものに変わっていきます。稲作の文化も、日本に入ってきて、もともとあった縄文の文化と融合して日本独自のものになったとも言えるわけです。

縄文から弥生への変化は大きな変化ですが、だからといって縄文のすべてが変わったわけではありません。もちろん弥生時代になっても縄文時代の土偶や、矢じりや、勾玉など、様々なものが引き継がれています。

ただし、ソフトウェアになればなるほど、大陸系のものが優勢になります。身近な道具類などは縄文時代から引き継いだものが多いのです。

もちろん、稲作など、縄文時代になかったものは大陸からです。水田を造る技術などです。武器も大陸からです。

弥生も縄文も評価できるバランスが必要

編集部　ところで、先生にとって、現代日本人の遺伝的特徴はいつできたとお考えでしょうか。

藤尾　昨年度から、国立遺伝学研究所の斎藤成也氏を代表とする新学術領域研究「ゲノム配列を核としたヤポネシア人の起源と成立の解明」という大型のプロジェクトを始めました。その中で国立科学博物館の篠田謙一氏と古人骨のＤＮＡを調べる調査を続けています。篠田氏の研究によれば、以前から、現代日本人のＤＮＡを図面上に落とすと、ある部分にまとまることがわかっていました。今回、紀元後2世紀の弥生時代の遺跡から出た人の骨のＤＮＡを測ったら現代日本人集団の広い範囲に散在することが判明しました。

それが意味するところは、現代日本人集団がもっているＤＮＡは、いまから１９００年前の弥生人たちのなかにすでにみられるということです。

では、それから１１００年遡る弥生時代が始まったころの日本列島人のＤＮＡと比べたら、どうなるかというと、残念ながらまだわかっていません。その時期の人びとの人骨自体がほとんど見つかってないからです。その答えは、これからの発掘と研究しだいということです。

篠田氏の研究によれば個人のもつゲノム中の一塩基の多型（ＳＮＰ）情報を主成分分析法を用いて、２次元の平面に投影すると、現代日本人集団のように地域集団はある程度のまとまりを持って集まります。またこの平面に紀元後２世紀の弥生時代の遺跡から見つかった弥生人のデータを投影すると、現代日本人集団の広い範囲に散在することが判明しました。前述しましたが、それが意味するところは、現代日本人集団が持っている遺伝的な特徴は、今から１９００年前の弥生人にすでにみられるということです。

一方、現代日本人と北京の中国人や現代韓国人、縄文人のＤＮＡデータを先の平面上で比較すると、現代日本人のＤＮＡは、現代中国人や韓国人に比べると、縄文人に近いことがわかります。平面上では現代中国人を一番右下、縄文人を一番左上とすれば、両者の真ん中ぐらいに現代日本人がいて、その右下に現代韓国人がいて、北京の中国人になるわけです。

このことは、現代東アジア人の祖先が、旧石器時代に東アジア、特にその沿岸地域に到達し、次いで日本列島に侵入した人たちの子孫は、その後の縄文海進によって、大陸の人びとと交わる頻度が極端に減ったことで、祖先のDNAを純粋に持ち続けた可能性があることを示しています。

一方、もともと縄文人の祖先と同じDNAをもっていた沿岸部の韓国人の祖先は、その後の歴史の中で、特に農耕を始めることで人口が増大した集団の影響を受けて変化していった。その後、弥生時代になると、日本列島に渡来人が来て、縄文人の子孫と交わり、現代日本人とほぼ同じDNAをもつ弥生人ができますが、渡来人が縄文人の子孫を駆逐したのではなく、水田稲作が東に拡がっていく過程で、縄文系の血を取り入れ、さらにその後も古墳時代や古代に大陸の人びとの血を取り入れることによって、現代日本人が出来上がっていったのだと考えられています。

だから、DNA的には、現代日本列島人は、アイヌと沖縄の人たちを除いて、紀元後2世紀の弥生時代にはできていたといえると思います。

ただし、DNA以外の文化的側面のことを考えると、日本人はどこが原点かというと難しい問題です。そもそも日本人のアイデンティティは何かということさえ規定するのは難しいと思います。日本に住んでいるひとがすべて自分のことを日本人と思っているかといえば、そうではないでしょう。日本で生まれた、というのも違うでしょう。

そのように考えると、アイデンティティは、「ものの考え方」ではないのでしょうか。日本人の「ものの考え方」といった場合、その原点は何かというと、やはり弥生にあると思います。

しかし、現在、弥生文化はあまり人気がありません。一方、縄文文化は人気があります。美しい美術、基層文化、ロマンチックな縄文人、平和な縄文人。自然破壊もせず、自然と調和していた縄文人。

こうしたすばらしい縄文文化を全部つぶしたのが、弥生なのです。水田も自然破壊ですから。森をつぶしたのも、環境汚染も弥生からです。格差も戦いも弥生からです。

現代社会の三悪、環境破壊、格差、戦争、すべて弥生時代からです。

大量生産も弥生からといえます。縄文は匠の時代です。時間をかけてもいいからいいものを作るという社会です。弥生はそこそこでいいから、短い時間で大量に作るという社会です。ですから、縄文のものと弥生のものを比べれば、縄文のものは芸術品で、弥生のものは大量消費財になります。縄文の漆製品は芸術作品の最たるものです。

そう考えると、弥生人は何一ついいことをしていないようにみえます。世界史的に考えれば、弥生人というよりも農耕民が、そのような三悪を起こしたといえるわけです。農業が始まらないと、人口爆発も起こりません。

ただし、一方で、人類がこれほど繁栄しているのも、農耕民になったからです。

縄文時代のように素晴らしいものを、時間をかけて作ることはできるでしょう。しかし、それを手に入れようとしたら、非常に高かったり、品数が少なく、いつまでたっても手に入らなかったりするかもしれません。しかし、弥生的な大量生産で、そこそこのレベルで耐久性のあるものであれば、安くて多くの人が手に入れることができます。それは現代に通じる考え方です。

だから、どちらかが、すべてが正しくて、すべてが間違っているわけではないと思います。どんな「ものの考え方」にも、いい面と悪い面があると思います。

その調整やバランスをとることが大切だと私は思います。弥生を否定するのではなく、縄文を否定するのではなく、そのバランスが現代人に求められていると思います。

主な参考文献

藤尾慎一郎『弥生時代の歴史』(講談社現代新書)
国立歴史民俗博物館/藤尾慎一郎・編『再考! 縄文と弥生』(吉川弘文館)
藤尾慎一郎/松木武彦・編『ここが変わる! 日本の考古学』(吉川弘文館)

※DNAに関する部分は、篠田謙一氏にご教示いただいた。

対談　日本人の起源と日本文化を考える

関野吉晴（武蔵野美術大学名誉教授）×岡村道雄（縄文遺跡群世界遺産登録推進専門家委員会委員）

司会&文／編集部・小林大作

アフリカから日本へ、日本人の起源をたどる旅をした冒険家、関野吉晴氏。彼はまた、数十年にわたって自然とともに暮らすアマゾン先住民のフィールドワークを続けてきた。その彼と、自ら杉並の縄文人を名のり、自然とともに生きるをテーマにしてきた岡村道雄氏が、人間と日本人の文化の原点について論じる。日本人はどこから来たのか、そして日本文化の原点とは何か。

編集部・小林大作（以下、編集部） 日本人の起源についてどのようにお考えか、お話をお伺いしたいと思います。

関野吉晴氏（以下、関野） 日本人の起源については、7万年前から6万年前の旧石器時代にアフリカから出た人類が、地続きを利用して、サハリンなどの北方からと、中国大陸や朝鮮半島、そして、南方から来たということで、ほぼ明らかになっているのではないですか。

岡村道雄氏（以下、岡村） 新人の流れはそういわれています。これに対して私は疑問を持っていますが、その前に、新人ではなく、その前段階の旧人や原人について触れておきたいと思います。

中国の周口店から北京原人化石が発掘されていますので、大陸と日本列島がつながっていた時期にナウマンゾウなどを追って、日本列島にも旧人が来たのではないかとの説もあります。

日本本土の国土は酸性が強いので、古い人骨は残りません。しかし、一部、貝塚や石灰岩洞穴で、たまに古い人骨が発見されます。いままでに日本で発見された古い人骨は浜北人（現・静岡県浜松市）、明石人（兵庫県明石市）や牛川人（愛知県豊橋市）などで、教科書でも紹介されました。しかし、精密に調べたところ旧石器時代の骨ではありませんでした。

ところが、最近、沖縄県石垣空港の拡張工事で旧石器時代の人骨が出てきました。それまで沖縄では港川人という約2・2万年前の人骨が報告されていました。他にも那覇市の山下町洞人から約3・6万年前の人骨が出ていました。

石垣空港の拡張工事で出てきた人骨は、狭い洞穴の中に多くの遺体が置かれている状態で出てきました。最近までの沖縄につながる風葬の跡でした。白保竿根田原洞穴遺跡といわれますが、そこで出てきた人骨を調べると約2・4万年前のものでした。

人骨の古さを考えると、アフリカから出てきた新人が4万年から5万年前にアジアに到着して、その後3万前から4万年前に、日本列島に北上してきたというルートは、かなり納得できる説だと思っています。

いままで私は、考古学の師匠であった芹沢長介先生が唱えていた旧人や原人段階のより古い旧石器文化も日本列島に存在したと考えてきたのですが、捏造事件発覚後20年近い調査研究でも確実な証拠は出ていません。

ところで、関野さんは、日本へのグレート・ジャーニーを始めたころには、日本人の起源について、出アフリカルートはご存知でしたか。

PROFILE

関野吉晴（せきの・よしはる）

1949年、東京都墨田区生まれ。武蔵野美術大学名誉教授（文化人類学）。一橋大学在学中に探検部を創設し、1971年アマゾン全域踏査隊長としてアマゾン川全域を下る。その後25年間に32回、通算10年間以上にわたって、アマゾン川源流や中央アンデス、パタゴニア、アタカマ高地、ギアナ高地など、南米への旅を重ねる。1993年からは、アフリカに誕生した人類が拡散した道のりを逆方向に辿る「グレートジャーニー」を始め、2002年にゴールした。著書に『グレートジャーニー探検記』（徳間書店）、『海のグレートジャーニーと若者たち――四七〇〇キロの気づきの旅』（武蔵野美術大学出版局）など多数。

関野　知っていました。

編集部　なぜ、日本へのグレート・ジャーニーを始めたのでしょうか。

関野　私は学生時代から南米にあこがれもあり、そこに行けば自分自身が見えるのではないかと思って、アマゾンも含めて南米をほっつき歩いていました。20代、30代は南米ばかり行っていました。先住民のところに行っては、そこで居候《いそうろう》生活をしていたのです。

彼らと私の顔はそっくりです。彼らの家に泊めてもらいながら、彼らと一緒にいると、自分と同じ顔の彼らがどこから来たのか知りたくなって、南米からアフリカに向かうグレート・ジャーニーの旅に出たのです。

私は、グレート・ジャーニーをした人類に思いをはせるために、近代的動力は使わずに、あしかけ10年かけてアフリカに着きました。しかし、そのとき、私は自分の足元（日本）を見ていないなと思ったのです。

日本に帰ってきて、足元を見つめるために、私が生まれ育った日本文化である下町の皮なめし工場で働かせてもらいながら、武蔵野美術大学に教授として通いました。そして、今度は日本人がどのように日本列島に来たのか、気になって日本版のグレート・ジャーニーをはじめました。

しかし、だからといって、アフリカから日本人がたどり着いた道を証明するというより、太古の人に思いをはせて移動をして、自分の腕力と脚力で移動しようと思いましたが、ほとんどは寄り道です。日本へ向かう道のところどころにいる人々の家に泊まりながら、彼らの生活に触れるために寄り道ばかりしていました。

人はなぜ移動するのでしょうか？

編集部　この本の編集をしていて、疑問に思っているのが、なぜ、人は移動するのかです。旧石器時代の人々が動物を追い求めて移動したというのはわかりやすいですが、その後の人類はなぜ移動したのでしょうか。関野さんはどのようにお考えですか。

関野　以前は、好奇心と向上心による進取の精神が、そうさせたと考えていましたが、いまは違います。

人類は1万2000年前にマゼラン海峡をビーグル水道を越えて、ナバリノ島まで行きます。そこには動物がいません。農業もできません。彼らは、体に動物の油を塗って、素もぐりで、魚介類、甲殻類を獲って生き抜いていました。ヤマナ（ヤーガン人）という民族です。南緯55度のところですから、非常に寒いのに、裸で暮らしていました。純血で残っているのはただ一人、彼女が亡くなると滅亡です。好奇心と向上心だけで、そこまで行ったとはとても思えません。

他にも、ラオスの山奥でモンという長江出身の人たちが隠れるように米作りをしています。戦乱を避けてラオスまで来たのです。そのような人たちを見聞きして、私は、人類の移動とは出て行かざるを得なくなった人たちの動きだと考えています。

環境がいいところは人口が増えます。しかし、人は増えすぎてキャパを超えると、誰かが出て行かなければならなくなります。その場合、既得権のある人ではなく、弱い人が出て行ったと思うのです。

そして、弱い人は最初に新しい地に行かざるを得ないけれど、本当に弱い人は滅んで、それでも生き残ったものはパイオニアになったと思います。これを繰り返した人類が移動していったと思うのです。

このことを人類学会で話したら、エビデンスあるのかと問われ、そのときは答えられませんでした。しかし、充分なエビデンスがあるのです。

明治の移民です。国民の8割が農民です。その頃は長子相続なので、次男、三男は長子を手伝うか、街に出るか、移民として満州、南米などに行くことになります。

私は、世界中に散って行ったのはグレート・ジャーニーじゃなくて、グレート・イミグレイションだと思うのです。

岡村　私も、その説には非常に納得できます。本来なら、いまいる場所で生きていければ、それが一番いいのです。そして、動くとしても近くの場所がいいけれど、それができないからこそ、人類は移動していくと思います。

関野　ピルグリム・ファーザーズも同じです。イギリスの地から英国国教会によって追い出された清教徒たちが、メイフラワー号でアメリカを目指したわけです。もちろん、新天地を求めていくことのすべてが絶望ではありません。住んでみて、いい土地だった場合もあります。

集団が大きくなると分裂する

岡村　縄文の人たちが、どうして動くのかは、いろいろです。ゴミが増えすぎてしまって村を捨ててしまうとか。食い詰めてしまう場合もありますが、そればかりではありません。

新天地を求めなければいけない、その場所での事情があったと思います。古代の話ですが、藤原京も大きすぎて、水回りが悪くなりゴミの捨て場に困ったから、都を捨てたといわれています。

縄文の人々は2、300年同じところに住んでいます。2、300年も暮らしていけるということは、ある程度、永続的に衣食住ができることですから、食い詰めるということもあったでしょうが、そればかりではなかったと思います。

寒冷化で移動したともいわれていますが、それだけで説明できないこともあります。寒冷化している時期に、青森の縄文人が、より寒い北海道に動いています。

関野　アマゾンは焼畑です。そのため土地がやせてしまうので、2、3年で移動します。そして、50年から100年で戻ってきます。戻ってこない場合もありますが。

岡村　子孫が残せなくなった場合も移動はあったと思います。女性ばかりになってしまった集団が男性が多い集団と一緒になったケースもあります。他にも病気がはやって住めなくなったとか。

関野　病人は大きいです。アマゾンでは、疫病が出ると、すべて捨てて出てしまいます。他にも、アマゾンでは、集団が１５０人以上になると、人間の緊張関係が非常に激しくなります。２００人になると、完全に分裂して近親憎悪で敵対関係になります。アフリカでも同じような傾向があるといいます。

岡村　採集狩猟民の場合は20人から30人のグループを組んで、動物を追いかけます。動物はかなり動きますから、人もそれに連れて移動します。大型の動物の場合、一人では捕獲できません。

また、いやなやつらのグループとも別れます。集団は分裂と集合を繰り返します。旧石器時代に環状ブロックができます。石器が数メートルの範囲で集中的に出ているブロックが、数十メートルの範囲で、環状に点在して出てくる場合があります。狩りなどで移動している小集団のいくつかが、一時的に集まって共同で狩りをしながら生活していたと思います。

関野　初期人類だと10人から15人がひとつの集団です。そして、現在の軍隊の小隊もそうですし、サッカーやラグビーがそうです。その人数の範囲だと、言葉がなくても、お互い目配せだけで心が通じます。それが小集団です。

しかし、それが、農耕になると６００人くらいの規模になります。その全部が固まって住んでいるわけではありませんが、集会があると集まってきます。

岡村　縄文の三内丸山がピークのときの人数が５００人くらいです。同じ時期に並んでいた竪穴住居を数えて、ひとつの竪穴住居に５人住んでいたと仮定すると、そうなります。

ある学者は、そんな多いはずないといわれますが、そんなに大きくなったので、分裂したのでしょう。縄文中期以降に集落の数と規模を一気に減らしています。

縄文中期には、三内丸山だけではなくて、その他の縄文集落も規模が大きくなりますが、中期の終りには崩壊していきます。それは、縄文時代の人々にとって、その大きさが限界だったということだと思います。それが、寒冷化や病気や衛生問題などと重なって分裂したのでしょう。

三内丸山も、500人が同じ生活圏にいたというより、いくつかのグループに分かれて生活の場（集落）を持ち採集狩猟をしていたと思います。そして、祭りや何かのときに、一堂に会したのでしょう。一般的な縄文の集落は大きくても100人程度です。

集団で沖縄本島から海伝いで日本本土には来ることはできたのでしょうか？

岡村　話は変わりますが、ひとつ関野さんにお伺いしたいと思っていたことがあります。私は、旧石器時代に、台湾から先島諸島、そして沖縄本島に行くのは比較的簡単だけれども、その先の、沖縄本島から九州、四国へ渡るということは、かなり大変だったのではないか。集団として行くことは無理だったのではないかと考えています。関野さんは東南アジアから日本列島に向かって航海をされたと思います。実感としてはどうだったのでしょうか。

関野　意図を持って行こうとしても、行き着かない可能性が高いと思います。まったくできなかったとはいいませんが、途中で黒潮に乗ってしまって、行きたい場所に行けません。流されてしまいます。

ただし、私は3年かけて移動しましたが、旧石器時代の人は、一生の時間がかけられたわけです。さらに、東南アジアからそのまま日本列島に同じ人が来たわけではないと思います。目の前に浮かぶ島に一生かけてもいいから、行き着ければいいのです。もちろん、人類の移動となれば、一人で行っても人は増えませんから、家族で行く必要があります。

その家族がその島で増え、その子孫のうちのだれかが、また、隣の島へ行けばいいのです。それでも、与那国島から西表島がむずかしいですね。ちょっと南に行かなければなりません。黒潮に乗って流されてしまいますから。

それより、与那国から沖縄本島へ行くほうが楽なのです。黒潮に乗ってしまえば、そのまま行けます。台湾から沖縄本島には比較的楽に行けます。

季節が変われば、逆方向も可能です。北風に乗って、沖縄本島から先島諸島や、西表島から与那国に行けるかもしれません。ただ、潮は南からになります。

葦舟で沖縄本島から室戸岬まで行った者がいます

岡村　考古学的には沖縄本島と先島諸島の文化的交流はあったと考えていいと思います。同じものが出てくるので、奄美あたりまでは交流があったと思います。

しかし、沖縄本島と九州の交流は、九州と朝鮮半島や北方と比べると、ないわけではないのですが、集団が動いている様子はかなり希薄なのです。だから、沖縄本島にたどり着いた人たちは、本土の日本人のルーツになりえなかったのではないかと考えています。

わざわざ、沖縄の人が日本列島に来る必然性もなかったのかもしれません。

関野　私の後輩で、葦舟で沖縄本島から室戸岬まで行った者がいます。葦舟は方向転換がしにくいので、潮に乗ってしまうとそのまま行ってしまったそうです。

岡村　旧石器時代、4万年くらい前の石斧が、日本とオーストラリアから出ますが沖縄からは出てきません。石斧がないと丸木舟は作りにくいと思います。

縄文時代になると、日本列島では丸木舟が作られています。一番古い丸木舟は1万年前の船橋市の遺跡から出ています。そして、旧石器時代に神津島の黒曜石が本土からも出てくるので、丸木舟がそのころからあったと思います。

しかし、丸木舟がないと、潮に乗るのはむずかしいと思いますが、はたしてどうだったのでしょうか。

鉄と農耕が人類を変えたのでしょうか

編集部　最近、鉄や農耕について、人類学的に考察する本が出ています。鉄や農耕が、人類の発展や移動に影響はあったのでしょうか。

関野　私は、インドネシアから日本まで旧石器時代の人がどのように来たのか、再現したいと考えていました。そのためには、インドネシアの旧石器時代の人がどのような舟に乗っていたのか、調べようと思いました。しかし、熱帯の気候のため、古い舟は腐ってしまって残っていないのです。資料として残っていたのは２０００年前ごろの銅鼓に描かれた構造船の絵です。

しかし、それでは新しすぎます。そこで、発想を変えて、旧石器時代であっても縄文時代であっても、そして、どこの地域でも、その場所に、自然にあるものから物を作ったし、舟も作ったはずだと考えたわけです。

そこで、その土地にあるもので舟を作ろうとしたのです。その場合は道具も、その土地にあるものということで、石器を使って舟を作ろうと考えました。しかし、石器の専門家に聞くと、石器で作った舟で海を移動するのは、かなり危険だということであきらめました。時代差は仕方ないと考え、鉄で作ることに変えました。

日本では、古代の鉄の製法で、たたら製鉄があります。砂鉄などを、木炭を使って比較的低温で作る製法です。出雲では日本刀をたたら製鉄で作ります。鉄をたたいて日本刀を作るので、大手の製鉄会社が作った鋼鉄では日本刀はできません。

東工大でたたら製鉄を教えている先生がいたので、作り方を教えてもらおうとお願いしたら、どれくらいの道具を作るのときかれたのです。斧など5kgは必要と考えて、そのように答えたら、120kgの砂鉄と、300kgの炭を焼いておいてくれといわれたのです。

5kgの鉄を作るのに、300kgの炭が必要です。300kgの炭を作るには、3tの木が必要です。3tですよ。鉄の歴史は森林伐採の歴史でもあるのです。

根本からやると、いろいろな気づきがあります。鉄について調べると、地球の重さの3分の1が鉄ということがわかりました。マグマにも鉄が含まれています。だから、コンパスが使えるし、磁場ができて、宇宙線や放射線から生き物を守っています。

オゾン層はよく知られていますが、磁場の効用はあまり知られていません。太陽から微粒子が飛んでくるのですが、その微粒子を跳ね返しているのが磁場で、その様子がオーロラです。

その鉄は、人間にとって、一度使うと手放せなくなるものです。

1975年まで、ニューギニア石器だけを使っていた民族がいましたが、いまはもういません。アマゾンにもいません。いまでも、アマゾンで未接触部族の発見があります。しかし、彼らに会いに行くと、ガラスもない、もちろんビニールもない、だけど、鉄だけはあるのです。

アマゾンの人たちも、鉄はどうしても必要ですが、ビニール袋はなくなってもあえて求めません。ビニール袋があれば雨にぬれなくてすむので、使うのですが、なくなっても取り寄せません。鉄は別です。

鉄は全世界の人が使っています。未接触の民族にも、交易で入ってくるのです。ガラス、金、銀、プラスチック、グラスファイバーを必要としない人々は何億といますが、鉄を必要ないという人々はいません。

米はおいしかった！

編集部　穀物や米はどうして広がったのでしょうか。

岡村　米がおいしかったのと、安定的に獲れるところが魅力的だったと思います。しかし、鉄もそうですが、権力ができてくると、その必要なものを権力が一手に握り、それで人々を支配していきます。

権力は、それらの品々や武器を作って領土拡張に使います。それを独占して、それらの技術や道具を伝える代わりに、その者たちを配下に入れます。

米作りも、権力によって高度な米作りの技術や鉄の道具を独占され、その技術と土地の所有を認める代わりに、より多くの米作りを強要して、米を徴収したのでしょう。高度な米作りの技術には、例えば灌漑とか、苗の品種改良とかいろいろあると思います。実際、それで収穫が上がれば、ある程度の米を権力に渡してもよかったのだと思います。

それを側面から支えたのが、あるいはその者自らが権力になったかもしれませんが、弥生時代に来た新技術・ハイテクをもった渡来人だったと思うのです。

関野　米などの穀物は蓄えることができるので徴収しやすいですから、穀物には権力が利用しやすい側面があったのでしょう。

ただし、蓄えることができるからといって、イコール権力ではありません。カナダのフィヨルド地帯のある南東アラスカだと、サケが大量に獲れるので、サケを貯蔵します。その中でも大量にサケを蓄えた人は、権力を持つのではなくて、大宴会をして、サケを供出して散財してしまいます。そして、一番サケを持たない者になり、それで平等を保っているわけです。

一方、アマゾンでは貯蔵できるものはありません。貯蔵しなくても、食料は豊富にあるので生きていけますが、暑いですから、長い間、貯蔵していると腐ってしまいます。

この点が、トウモロコシ、天然凍結乾燥のジャガイモなどは貯蔵できるので、権力ができたアンデスと違うところかもしれません。

編集部　**では、縄文時代に権力はなかったのでしょうか。**

岡村　ルーズな階級はあったと思います。リーダーもいたはずです。狩りや祭りをしきるリーダーや、もめごとを収めるリーダーなど、機能的な集団のリーダーです。しかし、彼らが世襲した様子はありませんし、戦争をした様子もありません。集団殺戮もありません。弥生時代から始まった証拠はあります。

縄文遺跡から6000ほどのほぼ全身がそろった人骨が見つかっていますが、そのうち、傷を受けているのは十数体だけです。ほとんどが矢による傷です。しかし、致命傷にはなっていません。

縄文の人たちが人を殺せないわけではありません。矢が鹿などの左の肩甲骨にささっています。心臓を狙って矢を放っているのです。また頭骨に石斧でたたいた陥没穴がみられることもあります。だから人を殺そうと思えばできたはずです。しかし、人骨にはそのような痕跡は見られません。

縄文人の中には、集団内の軋轢や、集団同士の軋轢を収めるシステムがあったと思います。話し合いや、スポーツの相撲みたいなものでしょうか。にらみ合い、眼力で勝負することを過去の日本人はしていますから、そのようなものかもしれません。
権力は、教科書的にいえば、土地を所有し、生産力が上がって、労働生産しなくてもいい階級ができ、それが余剰生産物を握ることで生まれるといえるのですが、その生産力の基盤となったのが米なのでしょう。

過去も、未来も持たない、だからこそ幸せな民族もいた

編集部　今回の対談の目的のひとつに、縄文文化が日本文化の基層であるという考え方について考えてみたいということがあります。それによって、日本人のルーツで、見えてくるものがあるのではないかと思いますが、どうでしょうか。

岡村　私は、縄文が日本文化の原点だと考えていますが、もっと、縄文時代人の心だとか、生活文化や哲学など、彼らが何を思っていたのかを、人間として知りたいと思っています。

それを知らないと残された遺跡が理解できないと考えています。だから、日本人の原点もわからない。しかし、考古学は人間が残した物、あるいは残した痕跡、そういうものが研究の中心で、人間のこころまで踏み込んでいかないような気がしています。そもそも考古学は人類学の一手法であるにもかかわらず、考古学は人間を語ろうとしてないような気がするのです。

だから、日本人のルーツとなると、一番研究できる学問なのに、考古学の出番が少ない。特に、さきほどもいいましたが、日本列島からは人骨があまり出てきません。旧石器時代の人骨は、ほとんどが沖縄です。そして、発掘されても、どう葬られていたのかを研究する前に、形質人類学に預けてしまうのです。

私は、そのために考古学の専門家だけでなく、他のジャンルの人とも、人間について語りたいと考えてきました。そして、日本人の文化の原点は、旧石器時代に日本列島に渡ってきた人が作ったと考えています。旧石器時代の新人が、日本の各地に住み着く中で、その土地の自然と交わることで形成してきたと考えています。

関野さんも、アマゾンで自然の中で生きている先住民と接触してきたと思います。

そのような人たちを知ることで、自然と交わることで縄文人になっていった彼らの姿が見えると思うのです。

編集部　岡村さんの自然の中での人間といえるのかわかりませんが、関野さんは著作の中で時間概念のない部族について語っていますが、どんな人たちなのでしょうか。

関野　アマゾンのピダハンという部族は未来と過去がないのです。サルと同じにしては失礼ですが、サルは木から落ちて骨折したとしても、なぜ落ちたのかは考えません。過去がないのです。通常の私たちだったら木に登らなければよかったとか、しっかりつかまっていればよかったと思いますが、サルは考えません。骨折しているいまの自分を受け入れています。

だから、後悔はしません。未来もないですから心配もしません。そのような部族がいたのです。最初に発見したのは、福音派の宣教師です。宣教師がそのピダハンに布教しようとして入っていったのですが、彼らを見て疑問が出てきたのです。

それは、彼らが常にニコニコしているからです。物質的には貧しいのです。現代文明も知らないわけではないのです。知っていても受け入れません。いまが充分だから、それ以上は望まないのです。そして、お墓がないのです。過去がないから先祖崇拝をしません。いま見ているものだけを信じています。

その宣教師は、その部族を見て、聖書の教えはまったく通じないことを悟ります。さらに、聖書がなくても幸せに生きている彼らを見て、無神論者になってしまいます。彼は大学で言語学を学びなおし、再度その部族のところに行って彼らの研究をしたら、言語的にも過去も未来もないのです。

「だれだれにそこであった」というリカージョンといわれる表現がなかったのです。結局、その部族を知ったブラジル政府が、無理やり電気を通し、テレビを与えてピダハンの部族の文化を崩壊させてしまいました。いまはもうなくなっています。残念ながら私はピダハンには合っていません。

しかし、ピダハンまではいかないけれど、私の知っているマチゲンガ、ヤノマミという人たちは、私たちに比べれば、時間の意識がピダハンに非常に近いのです。マチゲンガのあいさつは「アイニョビ」。アイニョはある。彼らには人に使う「いる」という言葉なく、存在だけをしめす「ある」という言葉を使うのです。そして、ビノはyou。ビは接尾語です。

「あるか」が挨拶です。それへの返事は「ある」だけです。

これは、関西人の使う「儲かってまっか」とは真逆です。そこに「ある」だけでいいのです。過去に儲けたこと、あったことや、将来儲けること、することなど、どうでもいいのです。「ある」さえすればいいのです。

それを見て、私は目標があるから勉強して、お金をためて働くわけです。そして、そのようにすることが正しいと教えられてきました。それが、ない世界なので驚きました。

孫の世代くらいまでは考えた生き方をしたい

岡村　新人にとって、目的を持つということは単に偉くなりたいとか、金持ちになりたいとか、ではなくて、幸せになりたいという目的もあります。幸せになるために、勉強したりするわけですが。

関野　宣教師も同じだったと思います。しかし、幸せにしようと思ってその部族に入っていったのに、見たらみんな幸せだった。目標なんてなくても充分に幸せだったのです。

ただし、私の会ったマチゲンガの人たちは、狩りに行こうとはいいます。それは、目標があるということです。子どもが森を歩いていたら、バクの足跡を見つけたと聞いたら、バクを捕りに行くために作戦を考えます。短い目標はあります。ただし、1年後までは考えない。

しかし、焼畑はやっているので、1年の単位は知っています。カレンダーはありません し、時計もありません。ただし、1日は太陽が上がって沈むまでですし、一ヶ月は満月から次の満月まで、それは理解しています。雨季の終わりに木を切って乾季の間中に木を乾かして、雨季が来る前に焼畑にする。1年単位の予定はあるわけです。

岡村　その人たちは、その森を、自分たち人間よりも長いスパンで、循環しているという意識は持っているのでしょうか。

関野　彼らの生活は循環型の生活をしていますが、彼らはそれをしているとは感じていません。そのために生きているわけでもありません。

彼らの作物はバナナとキャッサバです。種を蒔くわけではありません。キャッサバだったら、収穫したら挿し木をすればいいのです。そうすれば、あと8ヶ月か1年でまた生えてきます。バナナは房を取るのではなくて、そのまま木を切ってしまいます。そうすると切り株から芽が出てまた1年で収穫できます。

焼畑も2年か3年で放棄し、次の場所へ行って同じ繰り返しです。

岡村　縄文人にとっての森はもっとサイクルが長いですね。縄文人は里山を維持・管理して、クリ林も育って、ウルシも作っていて、両方とも十年はたたないと収穫はできません。一方、クリの木は１００年以上生きます。人間よりは長生きです。

縄文の人たちは、自分たちより長い生命を思いやって、長いスパンの循環を何度も続けているように思います。縄文人は、そのような大きな循環の中に自分たちの生命があるんだという実感を持っていたと、私は考えていますが、アマゾンの人たちはどうだったのでしょうか。

関野　そこまでは考えていないと思います。現在の私たちでさえ、１０００年という単位を考えることはできません。これほどＩＴやＡＩがすすんだ社会になると１００年後さえ、考えるのは無理だと思います。

現在、私は地球永住計画を提唱しています。これはＮＡＳＡがやっている火星移住計画へのアンチですが、それをしてわかったことは、地球がいかに奇跡的な星かということです。

十何年後に人類は火星移住をするかもしれません。しかし、若者は行けません。大気圏を出た瞬間に被曝します。火星についた頃には、子どもが産めない体になっているでしょう。地球は放射線、紫外線、宇宙線などの人間に有害なものを、オゾン層と、先ほどいった磁場でさえぎっています。

大きさでも、太陽の距離からでも、奇跡的な星であると、だからこの奇跡的な地球で永住するための計画を立ち上げたのです。サブタイトルは、「この星に生き続けるための物語」となっています。主語は人間ではなくて、すべての生き物です。

地球永住計画を立てるときに、どれくらいの期間をスパンにしようかと考えました。もちろん地球もいずれ太陽の爆発とともになくなります。それは数十億年先でしょうが、そんな長いスパンは考えられません。1000年も無理、せいぜい孫くらいから、「おじいちゃん、ひどい地球にしてくれたわね」といわれないくらいのスパンでしか、考えることはできないと思います。

北アメリカ東部にイロコイという民族がいます。ジェファーソンが合衆国憲法を作ったときに参考にしたほど、さまざまなルールを作っています。その彼らが、何かを決めるときに必ず考えることは、7世代先の人たちのことを考えて決めるといいます。

ただし、昔なら7世代先は考えられるけれど、いまは難しい、やはり孫の世代くらいまでと思います。

アマゾンでは川がハイウェイ

岡村 ところで、マチゲンガの人たちは、自然の中で、どのように自分たちの生活圏を決めているのですか。

関野 マチゲンガはペルー人です。現在のペルー人の99パーセント以上が海を見たことがなくても、概念としての海は知っています。学校で習いますから。しかし、45年前に私が初めてマチゲンガに会ったときに、彼らから聞かれたのは、「お前はどこの川から来たのか」です。彼らの頭の中にある地図は川と、それに付随する森です。

岡村 私はそのことを関野さんの本で読んだとき、これは縄文だと思ったのです。縄文の人たちは森と川が、彼らの生活の軸なので、それを大切にしています。それが同じなのかなあと思ったのですが。

関野　彼らの大切にしているのは川です。細い川でも、枯れた川でも、全部名前がついていています。どこに行けば、何があるかわかっています。

そして、自分の川が生活圏で、となりの川には、たまにしか行きません。私が「となりの川に行きたい」と言うと、彼らは嫌がります。それは、私がとなりの川に行くと、となりの川の人から非難されるからです。非難される理由は、私が病原菌を持っているかもしれないからです。

他の民族でも川は大切な命綱だと思います。さきほどの南東アラスカですが、食は圧倒的にサケです。サケは2、3ヶ月獲って燻製にすると1年分できてしまいます。サケのくる川は非常に大切です。

岡村　縄文の遺跡は川筋にへばりついています。サケ分布の南の限界は利根川以北なので、関東ではサケはあまり関係ないと思いますが、東北・北海道の遺跡は、サケが多く集まるところにあります。サケをたくさん獲ってメジャーフードにしていたようです。

東北の縄文の人たちにとって、川はサケを運んでくれるところなので、非常に大切です。しかしサケもとれない関東でも川筋に集落が栄えています。当然、川から獲れる食が大切だったと思うのですが、他にも川の有効性というものを、マチゲンガで感じたことはありますか。

関野　マチゲンガの人にとって、川は移動手段です。川は山を越えるより楽に移動できます。さらに、同じ川には同じ親族がいます。彼らも、となりの川に行くことはあります。狩りの場所を教えてもらったりできますから。しかし、となりのとなりは行きません。

編集部　川は江戸時代には、各藩の境界線になっていましたが、古代とは意味合いが

違うのでしょうか

岡村　江戸時代の川は米を運ばなければいけないので水運という役割もあったでしょうし、それで藩を分ければ、統治しやすいということがあったでしょう。古代の川はハイウェイだと思います。

関野　アマゾンの川は間違いなくハイウェイです。川しか道がありません。

岡村　弥生の後期くらいまでの道は、ほとんど川沿いでした。それが、権力ができると、川沿い以外の道ができるようになります。中心から最短の距離を結ぶ道を作ります。東海道のように川を次々に横切る道ができます。ただし、最近まで、物を運ぶのは陸の道より水運でした。

縄文の人々も川を利用していたことが、さきほどの丸木舟でわかります。かなりの数の舟が湖岸や川沿いから出ています。それらの舟は海の航海というより、川や沼地、湖を移動するためのものだったようです。
アマゾンでは石器はどうでしたか？

積極的に森にかかわっていた縄文人

関野　石器はあります。

岡村　どのような石器ですか。ナイフのような石器は見ましたか。縄文の場合、石そのものを使う場合と、石をたたいて、鋭利な破片をナイフや矢じりに加工していますが、アマゾンではどうでしたか。

関野　ナイフのような石器は見ていませんね。

岡村　森の話に戻りますが、縄文の人たちだけでなく、縄文から今日まで本来の日本人は里山を育ててきたと考えています。森の持つ豊かさを永続的に生かしていくために、森の持つ自然の循環を生かし森に手を入れました。そして、そこに虫や動物などが集まって、自然多様性を生み出し、それを大切にしてきたと思います。森を育ててきたと思います。

ヨーロッパなどは早くから農耕が取り入れられて、それが進歩的だと日本人は思い込まされてきましたが、日本人と北東アジアの人々は、自分たちは自然の一部と考えて自然との共存共栄を図ってきたのだと思います。そういう意味ではヨーロッパの人たちとはコンセプトが違うと思いますが、アマゾンの人たちはどうなのでしょうか。

関野　アマゾンの人たちの畑の特徴は、畑が森を真似していることです。アマゾンの森に入って見渡すとわかりますが、同じ木がありません。椰子の木は多くありますが、椰子の木も種類は2000種あるといいますから、同じ種類の木はほとんどありません。

アマゾンの森を空から見るとモコモコしています。なので、多くの人は豊かと思っていますが、実際は豊かではありません。では、なぜ豊かに見えるのか。それはモコモコしているからなのです。モコモコしていることによって、地面に日が当たらず、下草が生えません。だからアマゾンのジャングルは走ることができます。強い雨脚もモコモコした木々が受け止めるため、洪水も起きません。土壌は温帯に比べて非常に薄い。そのため熱帯の木の根は板根です。

さらに、いろいろな種類の木々が生えているのは、一種類だと、同じ栄養素を土壌から取ってしまって、生き延びることができないからです。そのため、根の張り方や、土壌から摂る栄養分が違う種類の木々が生えて、ようやく生存しているわけです。

自然がそうなっているので、先住民たちは、すべての樹を切りつくすことはしません。そして、混植です。後から来た連中はプランテーションで同じ種類しか植えませんが、先住民はイモもバナナもトウモロコシもいろいろ混ぜて植えます。森をまねしているわけです。彼らは貧しいので、肥料をやることはできません。焼畑の灰だけが肥料なので、森をまねています。そして土地がやせるので2年や3年で移動していきます。

しかし、彼らは、これらのことを経験的にやっているので、森を守ろうという意識はないと思います。彼らは魚も獲りすぎないし、動物も獲りすぎません。しかし、計算して獲っているとは思えません。余分に獲らないので、なくなることがないのだと思います。それに、獲ったらすべてを使いきります。

岡村　さきほども話したとおり、私は縄文の人たちが、もっと積極的に森にかかわっていたのではないかと考えています。ただし、その考え方に批判的な方もいます。人口が少なかったので、森を開発する必要がなかったという意見もあります。

しかし、外来種を植えたり、在来種の豆類を育てたりしています。そこに森と共生していこうという意志を感じるのです。

関野　アマゾンの人たちを見ると、積極的に森とかかわろうというよりも、もともとつつましい人たちだと思うのです。彼らは、ゆったりと生活していますし、競争もしません。だから優しいですよ。見栄も張りません。無駄なことをしないのです。

彼らも、森は大切にしていますが、森と積極的にかかわっていこうとまでは考えてないと思います。

戦わなくてもすむシステムを考案した自然とともに生きる人々

岡村　さきほど、縄文の人たちは戦争をしていないと話しましたが、アマゾンの人はどうなのでしょうか。

関野　ヤノマミも戦いをしていますが、全員を殺すような戦いはしません。一人殺されたら、相手を一人、そっと殺してくる、という程度です。争いがあっても、最初は話し合いです。そして、言い合いになって、周りにどちらが正しいか判断してもらいます。

そのあと、胸の叩き合いです。肋骨が折れるほどの叩き合いです。それでも決着がつかないと、棍棒で相手の頭部を叩きます。彼らにとって、頭部が割れていることは勲章です。

ヤノマミは戦争しているので、同盟関係を結びます。そのとき、3つのグループが、あえて密な関係を作るために、あるグループはたばこを作らない、あるグループは矢を作らない、あるグループはハンモックを作らないということをして、あえて不足品を他のグループから手にいれる状況をつくって、関係を構築します。

岡村　アマゾンの生活空間はどのようになっていますか。

関野　彼らの家は100人ほどで暮らしていますから、プライベートはありません。現代の日本人の場合は、家がプライベートで、外がパブリックです。しかし、彼らは外の森がプライベート空間で、家がパブリックです。

トイレも外ですし、出産も、秘め事もそうです。トイレは外でしますが、ほとんど、大便でもすぐになくなります。虫や動物や鳥が食べてしまいます。そもそもトイレができるのは、農耕が始まり、あるいは砂漠で生活するからです。肥料としたり、燃料としたりするために、大便や尿が必要になったのです。

岡村　アマゾンの葬儀はどうなっていますか。縄文では、土葬と風葬や川に流しています。三内丸山では土坑墓がありますが、数が少ないので、おかしいなと思っていたところ、風葬をしているらしいことがわかったのです。土葬されているのは、リーダーやシャーマンの目立つ墓、逆に何か悪いことをしたとか、不慮の事故死とか、土に埋めて封じ込めたい人の墓だったようです。

縄文時代から弥生時代、古墳時代もそうですが、一般の人の住居は竪穴住居です。亡くなった人はその住居の中に次々と入れて置くのです。そして風葬しています。

関野　アマゾンのヤノマミは火葬です。火葬してあげないと魂があるべき場所に行くことができない。そして、火葬で残った骨は、お祭りの日に粉にして、みんなでバナナ粥に入れて飲みます。

お祭りは一大イベントなので、彼らは狩りに出て大物の動物を獲ってきてお客に肉を振る舞います。そのときに、骨を飲むのです。飲んであげることで、日本人的に言えば、亡くなった人は成仏できるのです。

編集部　お二人のお話を伺って、同じ自然とともに生きている人たちには、共通するところや、捕れる食料や、その風土で大きく変わるところがあるのが、よくわかりました。最後に、この対談を要望された岡村さんに一言お願いします。

岡村　日本人が自分たちのルーツを知りたいのは、自分たちは何者で、どこから来たか、何を思いどんな生活をしていたか、を知りたいからだと思います。その原点に、自然と生き、それと積極的にかかわっていた縄文人がいたと、私は考えています。

しかし、まだまだ、その縄文人たちについて、私たちは多くを知っていません。衣食住についても、DNAに関しても、哲学や思想、死生観についても、まだまだです。それらを埋めるべく、もっともっと、多くの分野の人が、その専門領域をこえて研究し、語り合ってくれればと考えています。

日本人のアイデンティティを求める旅は、まだまだ続くと思います。

第三章

歴史学で読み解く日本人の起源

日本書紀・古事記から読み解く日本人のルーツ

著／武光 誠（元明治学院大学教授）

日本の神々の伝承を伝える『日本書紀』『古事記』。日本人が慣れ親しんでいる、その伝承のルーツを探ると、内容に秘められた真の日本人の姿が見えてくる。日本人はどこから来たのか？　天皇のルーツは？　世界の神話に精通する武光誠氏が、日本人の起源を記紀から明らかにする。（編集部）

祖先信仰が「記紀神話」をつくった

「日本人はどこから来たのか」という謎は、現在でも解明されていない。しかし、人類学などの研究者の多くは、さまざまな系統のアジア人が日本列島で混じり合って日本人ができたとする立場をとっている。

日本人自身が日本の起こりについて記した現存する最古の書物が『古事記』と『日本書紀』になる。それらは奈良時代に相当する八世紀はじめに、朝廷の主導のもとにまとめられたものである。

記録をまめに残した古代メソポタミア、古代エジプト、古代中国の諸王朝にくらべると、日本人が自分たちの歴史を書き記すようになった時期は新しい。大和朝廷を指導していた貴族たちの間に漢字が普及するようになるのが、七世紀はじめ頃だといわれている。

それからまもない六二〇年に、聖徳太子を中心に簡単な「国史《こくし》」がつくられた。それは、『天皇記《すめらみことのふみ》・国記《くにつふみ》、臣連伴造国造百八十部并公民等本記《おみむらじとものみやつこくにのみやつこももやそともあわせておおみたからどものもとつふみ》』と呼ばれた。

この聖徳太子の「国史」がつくられてから一〇〇年ほどのちに、『古事記』（七一二年）と『日本書紀』（七二〇年）が完成したのである。聖徳太子の「国史」は、系譜を中心とする短い記録を寄せ集めたものだったと推測されている。

歴史書の編さんが始められた時点の大和朝廷には、過去のことを伝える確かな記録がほとんど残っていなかった。そのため『古事記』などは、集められるだけの伝承をつなぎ、その前に神々の物語を置いた。

だから日本では、神話と人間の歴史をつなぐ形の歴史書がつくられることになった。古代の日本人は、「神々の時代と人間の時代は一続きのもの」とする歴史観をもっていたのである。

このような歴史観は、自分たちの先祖を神様として祭ってきた日本人の習俗から生まれたものである。この祖霊信仰は現代にも受けつがれており、私たちは先祖を仏壇で仏さまとして祀っている。神道の家では、位牌《いはい》を御霊舎《みたまや》に収めて「神さま」として扱っている。

『古事記』や『日本書紀』の神話（以下「記紀神話」と表記する）は、このような祖先を神として祀る習俗のうえにつくられた。だから「記紀神話」に登場する神々の大部分が、皇室や古代豪族の祖先とされている。

古代の日本の社会には、私たちが考えるような「家《いえ》」という組織はなかった。現在では家ごとに墓を営み、祖先の祭りを行うが、古代には一つの地域に拠る氏族を単位に祖先神の祭祀が行われた。

一つの集落の住民は誰もが同族として扱われ、そこで亡くなった者すべての霊魂が集まって集落を守る神とされた。このような集落を営む集団は、古代に「氏《うじ》」と呼ばれた。だから集落を守る神は、氏神《うじがみ》とも土地を守る鎮守神《ちんじゅのがみ》とも呼ばれた。

PROFILE

武光 誠（たけみつ・まこと）

1950年、山口県生まれ。東京大学文学部国史学科卒業。同大学院博士課程修了。文学博士。明治学院大学教授を定年で退職。専攻は日本古代史、歴史哲学。比較文化的視点を用いた幅広い観点から日本の思想・文化の研究に取り組む一方、飽くなき探究心で広範な分野にわたる執筆活動を展開している。著書は『律令太政官制の研究』（吉川弘文館）など専門書のほか、『国境の日本史』（文春新書）など300冊以上（一部、監修）。近著に『古墳解読 古代史の謎に迫る』『神社に隠された大和朝廷統一の秘密』『知れば驚く 神社の名前の謎』（すべて河出書房新社）。

現在でも一つの地域に住民が土地の守り神として祭る神は「氏神」と呼ばれている。

高天原から来た皇室の先祖

「記紀神話」などは皇室の起こりについて、つぎのように記している。

「空の上に、高天原《たかまがはら》と呼ばれる神々が住む世界があった。はるか昔に、そこに多くの神が現れた。高天原から来た伊奘諾尊《いざなきのみこと》と伊奘冉尊《いざなみのみこと》の夫婦が『大八洲《おおやしま》』と呼ばれる日本列島の島をつくったが、伊奘諾尊の意向によって太陽の神の天照大神《あまてらすおおみかみ》が高天原を治めるようになった。

この天照大神が、自分の孫にあたる瓊瓊杵尊《ににぎのみこと》を地上に降《くだ》らせて大八洲を治めさせたのが皇室の起こりである。南九州の日向《ひゅうが》に降った瓊瓊杵尊にはじまる三代は、『日向《ひゅうが》三代』と呼ばれる神様であった。

そして瓊瓊杵尊の曾孫にあたる磐余彦《いわれひこ》が、日向から大和《やまと》に遠征して大和の地を平定した。これによって磐余彦は初代の天皇である神武《じんむ》天皇として即位した。この神武天皇の出現によって、皇室は人間の時代に入ることになった」

ここに記したように、「記紀神話」などは天皇の祖先が天から降《くだ》って来たとする形で神話の時代と人間の時代とをつないでいるのである。

このような歴史観は、古代の日本に広くみられたものである。大和朝廷のもとで活躍した豪族の中では、自分たちの先祖を天から降《くだ》って来た神さまだと伝えるものが多くみられた。

神武天皇の東征伝説の中に、大和朝廷の有力豪族の一つである物部氏《もののべし》の祖先にあたる饒速日命《にぎはやひのみこと》が高天原から降《くだ》って来たとする記述がある。また古代の出雲《いずも》の伝説を集めた『出雲国《いずものくに》風土記《ふどき》』に、このように記されている。「出雲大社の祭祀を担当した出雲氏の祖先神である天乃夫比命《あめのほひのみこと》（天穂日命）の御供の天津子命《あまつこのみこと》が意宇郡屋代郷《おうのこほりやしろごう》（島根県安来市《やすぎ》）に天降《あまくだ》って伊支《いき》氏の祖先になった」

「記紀神話」の記すとおりに「皇室の祖先は天から来た」といってしまうと、皇室の本来の故郷がわからなくなる。そのためこのあと、「記紀神話」などの記事の中から、皇室の起こりの手がかりとなる記述をていねいに探っていくことにしよう。

高天原はどこか

一神教は神と人間とを全く別のものとしているが、多神教の世界でつくられた「記紀神話」では人間に近い発想で生活する神々が描かれている。

「高天原神話」と呼ばれる「記紀神話」の中の高天原を舞台とする部分は、天照大神とかれの乱暴な弟神である素戔嗚命《すさのおのみこと》を主人公とする話になっている。そこに描かれた高天原では、神々は地上の人間と同じように稲作を行って生活している。

天照大神は高天原を訪れて来た弟神に、他の神々を見習って高天原で生活するように勧めた。ところが素戔嗚命は、用水路を埋めるなどの稲作でやってはならない禁忌（タブー）を幾つか犯してしまったと「記紀神話」は記している。

高天原の神々は怒ったが、天照大神は弟神をかばっていた。しかし素戔嗚命が最後に神事に用いる衣服の織る機織女《はたおりめ》を死なせたために、天照大神は天岩屋戸《あまのいわやど》にこもってしまった。すると、世界が闇になった。

このとき、高天原の神々は集まって相談した。そして岩屋戸の前で祭りを行って、天照大神にお出ましいただこうとした。このときに榊《さかき》を飾り、鏡や勾玉《まがたま》を供えて祝詞《のりと》を誦《よ》み上げる皇室の祭祀とそっくりな祭りがひらかれたと「記紀神話」にある。

このような高天原は、神話の創作のときにつくられた架空の世界ではなかった。人びとが祭ってきた祖先たちが生きた農耕社会をもとに、高天原の世界が描かれたのである。

農地をひらいた先祖たちに感謝する気持ちによって、神道は弥生時代に祖霊信仰を中心とするものに変わっていったとされる。

縄文人は自然の恵みに感謝して、あらゆる自然物を祀る祭祀を行なっていた。これが神道の原形であるが、神道は稲作の始まりと共に日本に稲作を伝えた江南《こうなん》（中国の長江下流域）の祭祀を取り込んで大きく発展した。

「記紀神話」に描かれた高天原とは、その神話を創作した人びとの先祖が生きた弥生時代の日本であったとも、日本の稲作の故郷と呼ぶべき古代の江南であったとも考えられる。

このような考えにたいして、高天原を中央アジア（トルキスタン）の広大な草原地帯に求める研究者もいる。そのような発想は、かつて江上波夫が唱えた「騎馬民族征服説」という壮大な仮説からくるものである。

「記紀神話」は狭い日本列島の中でつくられたものではない。そこに収められた神話の中には、かなりの数の南方から伝わった神話と、北方から来た神話とが含まれているのである。そしてそのような外来の神話の中に、皇室の故郷はどこかを解く手掛かりがあるかもしれない。

そこでこれから「記紀神話」の中の北方の要素と南方の要素について考えていこう。

北方から来た神話と天孫降臨

「記紀神話」の中に出てくる高天原は、天上を神々の世界とする中央アジアの騎馬民族の発想によってつくられたものと考えられる。中央アジアやモンゴル高原では、どこまでも続く広大な草原がみられる。

そういったところでは、太陽は遙《はる》か彼方《かなた》の地平線に沈む。だから草原で生活する人びとは、地上と天とを交わることのない別々の世界だと感じた。

そして神や神の子孫が、天から地上に降りてくるさまざまな神話がつくられた。モンゴル高原のブリヤート族には、次のような「ゲゼル神話」がある。

モンゴルの最も有力な神であるデルクエン・サガンの神が、自分の末子のゲゼル・ボグドゥを地上の統治者にしようと考えた。このとき彼は、末子のボグドゥに多くの贈り物をした。

知識を授けたうえに、神馬とそれに用いる馬具、槍、黄金を与えたのだ。ボグドゥは、妻と共に地上に降り、サガンの神からもらった贈り物を用いて地上の人びとを従えた。このようにしてブリヤート族の集団がつくられ、ボグドゥの子孫が代々そこの族長を務めるようになったという。

このような騎馬民族の神話は朝鮮半島に伝わり、そこで脚色されて檀君《だんくん》神話になった。それは天の神の子の檀君が、風の神の風師、雨の神の雨師、雲の神の雲師を従え、三種の宝器を持って地上に降る話である。

檀君は、山の上の檀《まゆみ》の木のかたわらに降り立ち、宝器の呪力で朝鮮を統一した。この檀君が朝鮮（朝鮮半島北部）の地にひらいた王朝が、朝鮮半島の最古の王朝である檀君朝鮮だと伝えられている。

『三国遺事《さんごくいじ》』（十三世紀末完成）という歴史書には、檀君朝鮮の成立は紀元前二三三三年であったと記されている。

「記紀神話」に、瓊瓊杵尊が中臣《なかとみ》氏の祖先の天児屋根命《あめのこやねのみこと》などの「五伴緒《いつとものお》」と呼ばれる五柱の神と、大伴《おおとも》氏の祖先である天忍日命《あめのおしひのみこと》などを従えて日向に降ったと記されている。さらにそのとき瓊瓊杵尊は、天照大神から八咫鏡《やたのかがみ》などの三種の神器を授けられたともある。

このような点をあげていくと、日本の天孫降臨の神話が北方系の檀君神話を手本につくられたありさまがわかってくる。

天の神の子が地上に降りて王朝をひらいたとするブリヤート族の神話が、朝鮮半島経由で日本にまで伝えられたのである。

遊牧民的な火の神の死の神話

天孫降臨神話の他にも、「記紀神話」の中にブリヤート族の神話に似たものがみられる。ブリヤート族の天の世界は、かつて東の天と西の天に分かれていたという。しかしはるか昔に西の天の長のホルマスダ、テンゲリが東の天の長のアターイ、オラーンテンゲリを倒して天の世界を統一したと伝えられている。

このときアターイ・オラーン・テンゲリの体は、ばらばらにされて地上に落ちたという。そしてその死体から、日食と月食を起こす神や、人を食うさまざまな怪物が生まれたとある。

このような神話は、家畜を解体して食料をとったり、生活用品をつくったりする遊牧民の日常生活の中からつくられたと考えられる。だから神が斬り殺されたことをきっかけに多くの神が生まれるこのような話は日本人になじみのないものだとみてよい。

ところが「日本神話」の中に、ここにあげたブリヤート族の神話に似た話が一つだけある。それが、次に上げるような「軻遇突智《かぐつち》の死の神話」になる。

伊奘冉尊は火の神の軻遇突智を産むときに、子神の体から出る焔に焼かれ、亡くなった。そのため夫の伊奘諾尊は怒って剣を抜いて、軻遇突智を斬った。すると軻遇突智の体や、流れ出た血、かれを斬った剣などから多くの力のある神が生まれたというのである。

古い形の日本の神話に、のちになって新たな脚色が加えられて、このような話がつくられたのではあるまいか。もとの話は、ただ火の神の軻遇突智が多くの子神を産む形をとっていたのだろう。

軻遇突智から生まれた子神の中に、中臣氏が祭っていた武甕槌神《たけみかづちのかみ》と経津主神《ふつぬしのかみ》がいる。このことから私は、中臣氏が軻遇突智の子神の誕生のところに北方の騎馬民族の神話をもち込んだと考えている。

このあと、「記紀神話」の南方系の要素についてみていこう。

海の果てから来る南方の神

「記紀神話」の中には、南方の航海民が日本にもち込んだとみられる話が多く取り込まれている。航海民たちは海のそばに集落をつくり、船に乗って各地の集団と交易する生活を送っていた。

かれらにとって、海の彼方は未知の世界であった。航海民たちは、このように考えて活動範囲を拡大していったのであろう。

「私たちは船を用いて遠方の集団と交易して、これまでにみることができなかった多様な品々を得ることができた。それならば現在の交易相手のいるところから、さらに遠くまで行けば、新たな交易相手に出会えてみたこともない品物を手に入れることができるだろう」

このように夢を遠くの世界求める生活を送る人びとは、「海の果てまで行けば、そこに素晴らしい国がある」という発想をもつようになっていた。

古代の日本では、海の果てに「常世国《とこよのくに》」という美しい国があると考えられていた。その国に住む者は、年をとらずに永遠に生きられるともいわれた。「とこよ」とは、「世（代）」つまり命が、「常」つまり永遠に続く世界を表わす言葉である。

また亡くなった人間の霊魂は、常世国に行って永遠に生きるとも考えられた。常世国とは祖先の霊魂が集まった神が住む世界だともされたのである。古代の日本人は、祖霊信仰によって常世国にいる祖先の神が子孫にあたる人びとの生活を見守っていると考えていた。

このような発想が現在まで受けつがれた例が、いくつかみられる。祭礼のときに、海から訪れる神を神輿にお迎えする神社もある。

また海岸に鳥居を建てたところもみられるが、その鳥居は海の果てにいる神を拝むためにつくられたものであった。

「記紀神話」の中に、小さな体の少彦名命《すくなひこなのみこと》がガガイモという草の実を収める鞘《さや》の船に乗って出雲の美保《みほ》の岬を訪れる話がある。海の彼方から来た少彦名命は神皇産霊尊《かみむすびのみこと》という有力な神の子神であった。

この少彦名命は知恵のある神で、このあと父神の神皇産霊尊の言い付けに従って大きな体の大国主命《おおくにぬしのみこと》の国作りを助けたと記されている。

この少彦名命は、国作りを終えたあと常世国に去っていったと伝えられる。あるとき少彦名命が粟《あわ》の茎に乗って遊んでいたところ、粟の茎に弾かれて常世国まで飛んで行ったというのである。

航海民が祭った大物主神

少彦名命が海の果てに去っていったあとで、「新たな神が海からやって来て大国主命を助けた」といわれる。『古事記』には、次のような話が記されている。

「大国主命が海岸であれこれ先行きのことを悩んでいるときに、美しい光で海面や空を照らしながら近づいてくる神が現われた。その神は大国主神に、『私の魂を祀《まつ》っていただけるならば、あなたに力をお貸ししましょう』と語った。そこで大国主命は、その神の意向によって大和の東方の三輪山《みわやま》の上にその神をお祀りした」

この神話は、大物主神《おおものぬしのかみ》を祭神とする桜井市《さくらいし》の大神《おおみわ》神社の起こりを説いたものである。大物主神は大国主命と同一の神で、出雲の大国主命を守る「幸魂《さきみたま》・奇魂《くしみたま》」つまり幸運や思いもよらぬ奇蹟をもたらす神とされていた。

四、五世紀にこの大物主神は、大王の守り神として祀られていた。だから大物主神が、出雲の国を守る大国主命より格上の神とされていたのである。

大物主神は、南方に広くみられる竜蛇信仰の流れをひく神である。古代のベトナムや江南には、「竜神」と呼ばれる蛇の姿をした水の神を祀る習俗が広くみられる。

そのためにそのような竜神が、人間の若者の姿になって人間の女性と結婚する「異類婚」の神話や伝説も各地に残されている。『日本書記』に三輪山の神の祭祀の起こりに関する次のような伝説がみえるが、これは南方の「異類婚」の話と共通する性格をもっている。

「一〇代崇神《すじん》天皇のときに、疫病が流行した。このとき大物主神の神託によって崇神天皇の大叔母の倭迹迹日百襲姫命《やまとととひももそひめのみこと》が三輪山の祭祀を行ったところ、疫病はおさまった。

このあと倭迹迹日百襲姫命は、大物主神の妻になった。彼女の夫は美しい青年の姿をしていたが、倭迹迹日百襲姫命はあるとき夫が蛇であることを知ってしまった。そのため自分の正体を知られた夫は怒って三輪山に去って行き、倭迹迹日百襲姫命は悲しみのあまり亡くなった」

倭迹迹日百襲姫命がいなくなったので、崇神天皇は大田田根子《おおたたねこ》という者を大物主神の祭司に任命したという。この大田田根子は、古代に大王の下で大神神社の祭祀を担当した大三輪氏の祖先にあたる。

「大田田」というのは古代の地名である。のちに、「おおたた」が「大田」や「太田」になった例も多い。「根子」とは、「宿禰《すくね》」などと同じ言葉、祭祀を担当する豪族（首長）に対する敬称である。「ね」は「霊魂」を表わす言葉で、「ねこ」とは霊魂を祀るお方、「すくね」は霊魂を宿すお方をさす。

崇神天皇が「大田田」の地を治める豪族に、大物主神を祀らせたというのだ。この「大田田」や「大田」は、江南からの移住者の移住地に多くみられる地名である。

『播磨国風土記《はりまのくにふどき》』に、次のような伝説が記されている。

「昔、呉《ご》（江南）の勝《すぐり》（豪族）が一族を率いて、紀伊《きい》国の大田に渡ってきた。のちにかれらの子孫がふえて摂津《せっつ》や播磨の大田にも広がった」

王家は江南で竜蛇信仰にもとづく祭祀を行ってきた集団の子孫に、大王の下で竜蛇信仰にまつわる神である大物主神を祭るように命じたのだろう。

これまでに紹介してきたような大物主神信仰は南方の異類婚の神話、伝説と深く関わるものだが、「記紀神話」にはその他にも南方の要素が多くみられる。

「記紀神話」の中の南方系の神話

「記紀神話」の中の重要な神話の一つに、「三貴子誕生」の神話がある。それは伊奘諾尊が日向で海につかって体を清める禊祓《みそぎはら》いを行ったときに、三柱の有力な神が生まれたという物語である。

このとき最初に、光り輝く太陽の神である天照大神が現われた。伊奘諾尊は、彼女の誕生を大いに喜んだ。そこでかれは身に付けていた勾玉などを連ねた首飾りを天照大神に授け、彼女に高天原を治めるように命じたとある。

このあと月の神の月読命《つくよみのみこと》と素戔嗚尊が生まれた。伊奘諾尊はかれらを見て、月読命に夜の国を治めるように、素戔嗚尊に海原を治めるように言い付けたとある。しかし日本の神話は、天照大神と月読命は父神に従うが、素戔嗚尊は海原を治めるのを嫌がる形をとっている。

この三貴子誕生の話に似た神話は、南方に多くみられる。トンガ島には、祖神タウリフォヌアが、天の神タナロア、地上の神マウイ、死者の国の神ハヴェアを産む話がある。

またギルバート諸島には、父神デ・バボウと母神デ・アイの間に、太陽、月、海の神の三人の子供が生まれたという神話がみられる。

南方の創世神話には、必ず三人で一組となる貴い神が登場する。そのような神話をもとに、日本の三貴子誕生の話がつくられたのであろう。三貴子誕生の物語は、皇室の祖先である天照大神を高天原を治める最も格の高い神にするために構想されたものであった。

しかし、日本の最高神は、一神教の神のような孤高の神ではなかった。天照大神は、彼女を支える二柱の弟神とともに生まれてきた神とされたのだ。

「記紀神話」に取り入れられた南方の神話として、この他に「神の少女の死」、「石とバナナ」、「失われた釣針」の神話がある。インドネシアのセラム島には、神の少女が祭りの日に殺される話がある。このあと少女の体から、さまざまな食物が生えてきたという。

この話は、素戔嗚尊の食物の女神殺しの神話のもとになったものだと評価してよい。「記紀神話」には、素戔嗚尊が殺した大宜津比売《おおげつひめ》の体から、蚕、稲、粟、小豆、麦、大豆が生じた話が記されている。

また南方には、神が授けた石とバナナの中から人間がバナナを選んだために短命になったとする話が広くみられる。これは「記紀神話」では、瓊瓊杵尊が山の神の大山《おおやま》祇神《つみ》の二人の娘から妻を選ぶ形に変えられている。

瓊瓊杵尊は美しい木花之開耶姫《このはなのさくやひめ》を妻に迎え、見た目の良くない磐長姫《いわながひめ》を親のもとに帰らせた。すると、大山祇神が、こう言って嘆いたという。

「瓊瓊杵尊が磐長姫を受け入れたら天の神の子孫である天孫の命は石のように不変でいられたのに。木花之開耶姫だけを選んでしまったので、天孫の命は花のようにはかなくなりました」

これは神の子孫とされた天皇が、ふつうの人間なみの寿命しかもたないことを説明するために構想された神話である。

南方にはその他に、釣針を探しに海神のもとを訪ねていく「失われた釣針」の話が広く分布している。この話は山幸彦《やまさちひこ》が、兄の海幸彦《うみさちひこ》から借りた釣針を求めて海の神である大綿津見神《おおわたつみのかみ》の宮殿に行く「海彦山彦の物語」として、「記紀神話」に組み込まれた。

皇室を中心とする朝廷の人びとが最も愛着をもっていた物語が「記紀神話」である。だから「記紀」神話を読み込むことをつうじて、皇室の源流となる地域がどこであったかを知ることができる。

さまざまな話を集めた「記紀神話」中のかなりの部分が、南方的な信仰や文化の流れをひいている。前に紹介した北方的な要素は一部の神話だけに見られるもので、騎馬民族の文化の影響は表面的なところに限られている。

そこでこのあと、日本神話の中の南方的要素を持ち込んだのはどのような人びとだったかを考えていこう。

日本に移住した江南の航海民

邪馬台国の卑弥呼《ひみこ》について記したことで知られる「魏志《ぎし》」倭人伝《わじんでん》は、邪馬台国の時代の倭国《わこく》（日本）の文化は中国の江南のものに近かったと記している。邪馬台国の時代の中国は、魏《ぎ》、呉《ご》、蜀《しょく》の三つの王朝が対立した三国時代であった。

三つの王朝が中国の覇権をめぐって争っていたのだが、「魏志」倭人伝は、三国時代の歴史を記した『三国志』の中の魏の歴史を記した部分に属している。魏の記録をもとにまとめられた「魏志」倭人伝が、わざわざ倭国は魏と敵対していた呉に似ていると記したのである。

その意味で、「魏志」倭人伝に倭国は「会稽《かいけい》・東冶《とうや》の東に在《あ》るべし」とあることが重要な意味をもってくる。会稽も東冶も長江の少し南方にあった地名である。また同じ「魏志」倭人伝に、倭国の「有無するところは儋耳《たんじ》・朱崖《しゅがい》と同じ」とも書かれている。

儋耳・朱崖とは、江南より南方の海南島を表わす言葉である。つまり日本の産物は、海南島とほぼ同じだというのだ。「魏志」倭人伝の記事は、卑弥呼が女王になってまもない二世紀末頃に邪馬台国に派遣された使者の見聞をもとに書かれたことが明らかになっている。

その使者が、倭国は呉の王朝があった江南のようでもあり、それより南方の呉の辺地にあたる海南島のようでもあると感じたものである。

弥生時代中期が始まる紀元前一世紀なかば頃に、日本の弥生文化は根本的に変わった。それまでの弥生人は、集落単位で生活して小規模な稲作を行ってきた。この時代の個々の集落の人口は、二〇〇人程度だった。

ところが紀元前五〇年頃から北九州の海岸部で、銅鏡、銅剣、銅矛《どうほこ》といった青銅器を用いた祭祀が始まった。そして祭祀を担当する首長のもとで、人口二〇〇〇人程度の「小国」と呼ぶべきまとまりがつくられた。

紀元前五〇年頃から紀元前三〇年頃までの二〇年ほどの間に、北九州の社会にこのような重大な変化が生じたのだ。そしてそれから五〇年足らず経た二世紀はじめのあたりには、西日本の各地に青銅器の祭祀が広がり小国がつくられていった。

江南では日本でこのような変化が起こる数百年ほど前から、航海民の活躍が目立つようになっていた。かれらは南方の各地と意欲的に交易し、フィリピン、インドネシアの東南アジアなどから伝わった文化を集成して独自の南方系の文化をつくり上げた。

この江南で、銅でつくった宝器を魔除けとする習俗が生まれ、銅鏡を用いた祭祀が始められた。紀元前三世紀以前の江南では、黄河流域（中国北部）の漢民族と異なる非漢民族の文化が栄えていた。

しかし紀元前三世紀末に秦朝が中国を統一したあと、中国北部にいた漢民族が大量に長江流域に移住してくるようになった。このような漢民族の南下に追われる形で紀元前一世紀後半に非漢民族である江南の航海民の集団が北九州にやって来た。

江南から伝わった照葉樹材文化

江南から北九州に移住してきた航海民は、日本に多くのものを伝えた。かれらは、優れた航海技術と造船技術をもっていた。そのため紀元前一世紀後半に北九州の小国が、船団を朝鮮半島に送って意欲的に交易を行うようになった。

この時代の中国は、秦朝を倒して中国を統一した前漢朝《ぜんかんちょう》の時代であった。この前漢朝の武帝《ぶてい》は朝鮮半島北部を征服し、そこを支配するために現在のピョンヤンの地に楽《らく》浪郡《ろうぐん》という植民地を置いていた。

そのため北九州の小国の航海民は、中国の質の高い商品が集まる楽浪郡を目指した。前漢朝の歴史を記した『漢書《かんじょ》』の中の「地理志《ちりし》」に、つぎのような記述がある。

「楽浪郡の近くの海の中に、倭人《わじん》がいる。倭人の一〇〇余りの国は、しばしば楽浪郡に使者を送って来て交易を行っている」

ここの「一〇〇余り」というのは、正確な数字を示すものではなく、数が多いことをあらわす修辞である。この『漢書』によって、「倭人」と呼ばれた北九州の人びとが、しきりに楽浪郡と交易をしていたことがわかる。

北九州の小国は、江南の習俗にならって銅を用いた青銅器の祭祀を始めた。そのためかれらは銅鏡を求めて、楽浪郡を訪れた。さらに朝鮮半島では武器として用いられた銅剣や銅矛も、日本に輸入されたあと祭器になった。

北九州の小国の首長たちは、美しい赤色をした青銅器の祭器を安置して、そこに太陽の光を反射させて、農耕神である太陽の神の祭祀を行った。発掘された青銅器は緑青の錆びで緑青色をしているが、つくりたての銅鏡、銅剣などは美しく淡い赤色をしていた。

ネパールから雲南、江南をへて日本南部にいたる範囲に、カシやタブの森林からなる照葉樹林帯《しょうようじゅりんたい》という森林が広がっている。この照葉樹林帯には、「照葉樹林文化」と呼ばれる共通の南方系の文化がつくられた。

広い水田を開発して稲作を行う水稲耕作はこの照葉樹林帯から広まったものだ。江南の航海民は銅を用いた祭祀のほかに、照葉樹林文化にもとづくさまざまな習俗を日本に伝えた。

「魏志」倭人伝には、水につかって体を清める倭国の習俗や、海に潜って魚をとる海《あ》女《ま》の漁法が記されている。こういったものは、海岸を生活の場とした江南の航海民によって日本に広められたものだとみられる。

皇室の日向に対する思い入れ

『古事記』と『日本書記』の中に、日本人が北方から来たという発想はみられない。朝鮮半島の新羅は敵国とされ、蝦夷《えみし》の住む東北地方は未開の地とされている。

ところが「記紀神話」などには、南方を日本文化の放郷とする意識が見え隠れしている。江南の航海民は、日本の南方から来て南方系の文化を伝えた。そして「記紀神話」がまとめられた時代の大和朝廷の勢力の最南端が、日向であった。日向より南は、大王に従わない隼人《はやと》の居住地であった。

だから伊奘諾尊が日本の最南端の地である日向の橘《たちばな》の小戸《おど》の阿波岐原《あはぎはら》で最も権威の高い神である天照大神を生んだという物語がつくられた。それゆえ皇室の祖先にあたる瓊瓊杵尊が降臨した地は、日向の高千穂《たかちほ》の峰《みね》でなければならず、磐余彦は日向から大和に来て初代の天皇になったとされたのである。

「記紀神話」の中の北方的要素は、朝鮮半島から日本に移住した東漢氏《やまとのうじ》、秦氏《はたうじ》などの渡来人によって持ち込まれたと考えられる。そして中臣氏が、「記紀神話」の中の自分たちの祖先神に関わる部分に、渡来人が伝えた神話をとり込んだ。

五世紀末に渡来人が新たな文化を持ち込む前の大和朝廷では、江南から来た南方系の文化が主流であった。皇室の先祖は、江南から来た移住者の首長であろうか、あるいは江南系の文化を学んだ日本に古くからいた縄文系の首長であろうか。いまになっては、そのいずれであったかを知る手がかりはない。

参考文献

江上波夫『騎馬民族説』（中央公論社　1967）
大林太良『日本神話の起源』（角川書店　1973）
折口信夫『古代研究　一』（大岡山書店　1929）

津田左右吉『日本古典の研究　上下』（岩波書店　１９４８　１９５０）
松前健『日本神話の形成』（塙書房　１９７０）
松村武雄『日本神話の研究　全四冊』（培風館　１９５５）
松本信広『日本神話の研究』（平凡社　１９７１）
護雅夫『遊牧騎馬民族国家』（講談社　１９６７）
吉田敦夫『日本神話と印欧神話』（弘文堂　１９７４）

卑弥呼は大王であった!?
古代日本の王権

インタビュー／**水谷千秋**（堺女子短期大学教授）
聞き手&文／編集部・小林大作

日本列島は3世紀に入ると弥生時代から古墳時代に変わっていく。それは巨大な勢力がこの列島に誕生したことを意味する。日本独特の墳型である前方後円墳。それはヤマト政権の誕生を意味するのか。歴史学の立場から、考古学の古墳研究の成果を踏まえて大王（天皇）と豪族の関係を分析してきた水谷千秋氏に聞く。（編集部）

編集部・小林大作（以下、編集部）　前方後円墳はなぜあのような形なのでしょうか。

水谷千秋氏（以下、水谷）　前方後円墳の形に関しては大きく二つの説があります。ひとつは、もともと円墳だったものが、葬送儀礼の際に、葬る側の人間が円墳の前に集まるところとして前方部ができたと考えられています。埋葬部は、ほとんどの古墳が円墳のところにあります。

岡山にある楯築墳丘墓《たてつきふんきゅうぼ》には、突出部が円墳の左右に二つ付いています。両側に人が並んで儀礼を行っていたのでしょう。その前方部が、その後徐々にバチ状に曲線を描いて大きくなっていきます。この墳丘が一気に巨大化したのが箸墓《はしはか》古墳です。前方部が大きくなったのは、儀礼に参加する人が増えたためと考えられています。

もうひとつの説は、あの形に意味があるといいます。前方後円墳は壺の形に似ていますが、壺のなかに亡くなった人の霊魂が入っているという考え方です。壺の中に不老不死の神仙世界が存在する、というイメージがあの形になったといいます。

どちらが正しいかは判断が難しいですが、徐々に前方部が大きくなっていく過程を見ると前者の説に分があるように私は思います。

箸墓古墳の造られる少し前からこうした前方後円形の墳丘墓は造られるようになっていましたが、箸墓の全長はいきなりこれらの2倍以上になっています。ここに大きな画期があったことは明らかでしょう。葬儀儀礼を行う場もかなり大きくなりました。私も多くの学者と同じく箸墓が卑弥呼《ひみこ》の墓だろうと考えています。この古墳の造営は、ヤマト政権の成立にとって大きな意味を持つのだと思います。

※水谷千秋氏は、箸墓古墳が卑弥呼の墓であることについて、著作で以下のように書

PROFILE

水谷千秋（みずたに・ちあき）

1962年、滋賀県大津市生まれ。龍谷大学大学院文学研究科博士課程満期退学（国史学）。博士（文学）。堺女子短期大学教授・図書館長。日本古代史専攻。主な著作に『継体天皇と古代の王権』（和泉書院）、『謎の大王 継体天皇』『女帝と譲位の古代史』『謎の豪族 蘇我氏』『謎の渡来人 秦氏』『継体天皇と朝鮮半島の謎』（以上、文春新書）、『古代豪族と大王の謎』（宝島社新書）。監修に『百舌鳥・古市古墳群』世界遺産登録記念 仁徳天皇陵と巨大古墳の謎』（宝島社）など。

いている。

「かつてはその（箸墓古墳）造営年代を、四世紀初めに当てる考えかたが一般的であったが、近年では、これを三世紀後半、さらに半ばすぎくらいまで引き上げる見解が一般的になっている。全長約二八〇メートルは、それまでの墳丘墓がせいぜい勝山古墳の全長約一一〇メートルなどが最大規模だったのと比較すると、倍以上の大きさである。この隔絶した規模からしても、箸墓古墳が古墳の発生史上、画期的な古墳であることが理解できる。

この箸墓の造営が三世紀半ばすぎ、二六〇年ころまで遡るとなると、卑弥呼の死んだとされる二五〇年前後と十年ほどしか時間差はない。卑弥呼の死後、古墳を造り始めたとすると、完成まで十年以上はかかるとみられるから、そう考えるとこの箸墓古墳が卑弥呼の墓である可能性が俄然たかまってくるのである」（『女帝と譲位の古代史』文春新書）。（編集部）

卑弥呼はヤマト政権の大王だった⁉

編集部　箸墓古墳は卑弥呼の墓だといわれていますが、卑弥呼はヤマト政権の大王だったといっていいのでしょうか。

水谷　難しい問題ですが、のちのヤマト政権の大王たちと何らかのつながりはあったでしょう。ただし、卑弥呼の段階では、まだ世襲―男系の世襲―というものは確立していません。卑弥呼は女王ですが、おそらく卑弥呼の前は『魏志《ぎし》』倭人伝でも「その国、本亦、男子を以って王となす。とどまること七、八十年」というように、ずっと男性の王によって継承されていました。しかし、倭国の大乱があって、それを収めるために卑弥呼が擁立されました。おそらく卑弥呼は、それまでの男系の王とは血縁関係がなかったのでしょう。卑弥呼が長らく女王をつとめたあとは、再び男性が王に選ばれました。

『魏志』倭人伝には、以下のように書かれています。

「卑弥呼以って死す。大いに冢《ちょう》を作る。径百余歩。徇葬《じゅんそう》者は奴婢百余人。更に男王を立てしも国中服さず。更々《こもごも》相誅殺《あいちゅうさつ》し、当時、千余人を殺す。復た、卑弥呼の宗女《そうじょ》、壱与《いよ》、年十三なるを立てて王と為す。国中遂に定まる」

意味は、「卑弥呼のなくなったあと、男性の王が立ったけれど、国は治まらず戦争がおきて、千人以上の人が死んだ。そのため、卑弥呼の宗女である十三歳の壱与を立てて、やっと国は治まった」となります。

卑弥呼の後、立てられた男王は、おそらく卑弥呼と血縁関係はなかったでしょう。畿内の別の地域の勢力の王だったと思います。吉備《きび》（岡山県）の王だったという人もいますが、吉備はちょっと離れすぎていると思います。やはり近畿地方でしょう。

私は、椿井大塚山《つばいおおつかやま》古墳の被葬者だと思っています。この古墳は京都の南の木津川市山城町にあります。時期的には箸墓古墳よりやや遅い三世紀末ころの古墳です。三十二面もの三角縁神獣鏡《さんかくえんしんじゅうきょう》を出土したことで知られる古墳です。卑弥呼のいた纏向《まきむく》とは違う勢力の実力者が大王《おおきみ》になったのだと思います。

しかし、『魏志』倭人伝に書かれているとおり、その男王のもとでは国は収まらずに戦争が起きたため、卑弥呼の宗女、壱与が立てられました。宗女とは同じ一族の娘のことです。十三歳でした。その壱与を立てたら、国は治まったわけです。

卑弥呼は独身でしたから娘はいません。ですから、同じ一族の娘で卑弥呼に近い親族というと姪でしょうか。卑弥呼もかなりの高齢でしたから、姪よりもう一世代後の女性かもしれません。卑弥呼には男弟がいましたから、彼の娘か孫娘が、壱与だった可能性もあります。

そうであれば、卑弥呼一族の女系の世襲が始まりかけているともいえます。しかし、後の人が卑弥呼を記憶しているかというと、ほぼ忘れ去られています。

宮内庁では、箸墓古墳に埋葬されているのは、倭迹迹日百襲姫命《やまとととひももそのひめのみこと》としています。彼女は7代孝霊天皇の皇女とされていますが、『日本書紀』では、10代崇神天皇の叔母としても描かれ、シャーマンであり箸墓のいわれを語った伝承をのこしています。しかし、倭迹迹日百襲姫命は天皇とは書かれていません。

卑弥呼の時代から『日本書紀』が書かれる時代まで500年近く経っていますから、卑弥呼の記憶はうっすらとしてしか残っていなかったとしても不思議はありません。

壱与の記憶はもっと残っていません。

私は、最古の大王は10代目の崇神《すじん》ではないかと考えていますが、卑弥呼、壱与の段階から、この崇神、11代垂仁《すいにん》、12代景行《けいこう》、13代成務《せいむ》と続く天皇の間に大きな断層があるのだと思います。記憶の薄さもそこから来ているのでしょう。

卑弥呼・壱与から、崇神以降で、女系継承から男系継承へ変わっています。壱与が266年に中国の晋に使いを送ったという記録がありますから、3世紀末くらいに、女系から男系へという何か転換があったのだろうと思います。

壱与の墓に祀られたふたりの人物

編集部　その転換とは何でしょうか。

水谷　卑弥呼に男弟がいましたよね。「男弟あり。佐《たす》けて国を治む」と『魏志』倭人伝にありました。だから壱与にだって男性の補佐役がいたのでしょう。壱与は十三歳でしたから、弟では無理です。彼女の父親なり兄なりが、補佐役をしていたと思います。

壱与のあと、その父親や兄の系統に王位が移っていく段階があったと思います。そこから女王の段階から男王の系譜に代わっていくのだと思います。

編集部　それは大きな転換だったのでしょうか。

水谷　あとから見れば大きな転換です。しかし、そのときはそれほど意識していなかったかもしれません。

編集部　そうすると壱与のあと男の王が続いていって、しばらくして気がついたら男系世襲が定着していたという可能性もあるわけですね。

水谷　そうですね。ただ急に女性が弱くなったわけではありません。女性がシャーマン的な役割をして、男性が政治をする、そのような両方並び立っているような関係だったかもしれません。

壱与の墓ではないかといわれている西殿塚《にしとのづか》古墳には、後円部と前方部とに一か所ずつ二人が埋葬されているらしいと、考古学者の白石太一郎先生がおっしゃっています。そのふたりのうち一人が壱与で、もう一人が壱与の補佐役的な男性ではないかと私は考えます。

古墳の大きさからいって、西殿塚古墳の次の世代が、行燈山《あんどんやま》古墳に祀られている人物とおもわれます。行燈山古墳は崇神天皇陵といわれています。想像をたくましくすれば、西殿塚に壱与とともに祀られている男性の息子が崇神天皇かもしれません。

その段階で、女性のシャーマン的な能力が重要視されていた段階から、男性の軍事的な指揮能力や実際の政治力といったものの方が重要視されていく時代に変わったのかもしれません。それによって男王が倭国の大王になったのだと思います。

編集部　シャーマン的な能力は必要がなくなったのですか

水谷　必要がなくなったということはないと思います。シャーマン的な能力にしても、卑弥呼の後は男王ですし、卑弥呼の前も男王だったわけです。彼ら男王にもシャーマン的な能力がなかったわけではないと思います。女性でないとこうした資質はないというわけではなかったと思います。

和邇氏のルーツは日本海か？

編集部　当時、朝鮮半島や大陸からきて渡来して、ヤマト王権を支えた豪族はいたのでしょうか。

水谷　和邇《わに》氏は大陸から来た可能性があるのではないでしょうか。大和盆地の北部に勢力を持っていた豪族です。京都の南から琵琶湖の近江まで力を伸ばしていました。琵琶湖の西に和邇という地名があります。

和邇はワニやサメを神格化した名前ですから、海とのかかわりが連想されます。なぜ、大和の内陸部に、このような名前を持つ豪族がいるのか、そして、なぜ、その豪族の力が琵琶湖まで広がっているのか。推測するに、和邇氏のルーツは日本海、さらには朝鮮半島にあるのではないかということがいわれています。確証はありませんが、複数の学者がそのように考えていると思います。

15代応神《おうじん》天皇は仲哀《ちゅうあい》天皇と神功《じんぐう》皇后の子ですが、神功皇后の父方の祖先とされる日子坐王は和邇氏の始祖的な人物でもあります。神功皇后はちょうど史実と伝承のあわいに位置するような存在ですが、4世紀末以降の天皇家は和邇氏と血縁的にはルーツを同じくしていたのかもしれません。

※水谷氏は『古代豪族と大王の謎』（宝島社新書）のなかで、考古学による、奈良盆地や畿内にある古墳群分析を紹介している。それによれば、大王が、箸墓古墳のあるオオヤマト古墳群から佐紀《さき》古墳群、そして、その後百舌鳥《もず》、古市《ふるいち》古墳群の勢力に移っていった構図が描かれている。巨大古墳のできた時代と地域がそのように変わってい

る。

　さらに、文献史学から、塚口義信氏の「4世紀末の内乱」説を紹介している。少々長いが引用してみよう。

「塚口氏の説を要約すると、4世紀半ば過ぎと、4世紀末と二度にわたり、大和政権に内乱が起きたというのである。一度目は、それまでの三輪山の麓の大和盆地東南部に本拠を置く『三輪政権』から奈良盆地北部の『佐紀政権』への政権交代である。その要因には朝鮮諸国に対する外交政策をめぐる対立があり、その結果百済との同盟をもとに積極的に半島へ乗り出し、鉄素材や大陸系の新しい文物を一元的に獲得しようとした勢力が勝利した。それが佐紀政権であった」

　ちなみに、ここで書かれた「三輪政権」はオオヤマト古墳群があった地域の政権である。さらに引用を続けよう。

「その佐紀政権が4世紀末に内部分裂した。政権内のもともと反主流派だった応神が、政権主流派の後継者を打倒して王位を奪い取ったというのである。その際に応神に味方したのが葛城《かつらぎ》氏であり、和邇氏であり、吉備氏の前身集団であった。この分裂の主原因は、主流派は半島への出兵に消極的だったのに対し、反主流派は出兵に積極的であったこと。また前者は熊襲（南九州の勢力）討伐には積極的であったのに対して、後者は日向の勢力と近しかったという相違もあった。

こうして4世紀末、佐紀政権内部に分裂が起こり、反主流派が主流派を打倒し、その主導勢力は佐紀から河内に移り、きわめて軍事的色彩の強い性格に変貌した」

ちなみに、百舌鳥、古市古墳群のある場所は河内である。さらに、和邇氏は佐紀古墳群の近くに勢力を持っていた。また、和邇氏の前身の豪族は卑弥呼を支援する有力な支持母体であった。そう考えると、和邇氏は卑弥呼の「三輪政権」を支え、「佐紀政権」の一部を占め、そして河内の応神朝を支えたということができる。（編集部）

大和川流域の大王と淀川流域の大王

編集部　当時の豪族の葛城氏はどうだったのでしょうか。

水谷　和邇氏の勢力は大和盆地の東北部にありますが、その反対側の西南部にいる葛城氏も大勢力です。両者は政治的には対立はしていませんが、葛城氏も大王家とは密接な姻戚関係も持っていました。

葛城氏の初代は「襲津彦《そつひこ》」といいますが、東大の歴史学者であった故井上光貞氏が、その「襲津彦」の意味は「(熊《くま》)襲《そ》の男」ではないか、と言っています。襲津彦は「熊襲の出身者で葛城に定着した者か、大和の出身で熊襲の征定にも武勲を輝かした者かであろう」と推測しているのです。いま、このうちの前者の説を賛成する人は少ないでしょう。では、後者の説は可能性があるでしょうか。難しいところです。

葛城氏のルーツを推測するのは困難ですが、彼らが大王と姻戚関係を結ぶようになったのは4世紀末の応神天皇のころからです。その意味では和邇氏のほうが天皇家と結びつくのは早かったと思います。

しかし、三輪山の麓に大王墓が築かれていた段階では、あまり大豪族の影は見えません。近畿地方の古墳で言うと、四世紀初頭から半ば過ぎころまでは、三輪山麓の勢力の他には大阪府高槻市や、京都府向日市・長岡京市のあたりに初期の前方後円墳が築かれています。これ以外では近江の湖東や湖北にも古い古墳や遺跡があり、それらの勢力が3世紀末から4世紀段階のヤマト政権を支えていたと思います。

豪族は、4世紀末の応神朝の代から葛城氏や和邇氏が台頭し、その後、5世紀の半ばころから物部《もののべ》氏、大伴《おおとも》氏などが重用され、大王を支えてきたのでしょう。

編集部　少し話が飛びますが、土木工学の専門家で、日本水フォーラム代表理事の竹村公太郎氏が、西から来た人たちが、瀬戸内海を通じて大阪湾に来て、さらに進もうとすると、河内方面から大和川を上ると奈良盆地の南に行き着き、淀川や木津川を上ると、奈良盆地の北側に到達するとおっしゃっています。

水谷　畿内にいた人たちがそのルートで来たかどうかはわかりませんが、大和川水系と、淀川水系はヤマト王権と関わりは深いです。

初期の大王墓のある三輪山の麓は大和川流域で西の大阪湾に流れていきますから、河内と大和が大和川で結ばれています。反対の東の方へは、大和川支流の初瀬《はっせ》川で伊勢から東国と通じています。

そう考えると、纏向遺跡のある三輪山の麓は、西は瀬戸内海から九州や朝鮮半島、中国大陸、そして東は東国に続いていたといえます。

また、箸墓古墳ができた前後くらいまでは、高槻や向日《むこう》町、南山城などの、淀川や木津川流域の勢力も存在感を持っていました。その後の大古墳は大和川流域一辺倒になりますが、6世紀になると高槻に今城塚《いましろづか》古墳が造られ、淀川流域が復活し始めます。近江出身の26代継体《けいたい》天皇の時代です。

このように淀川流域が強い力を持っていた時代と、大和川流域が力を持っていた時代とがありますね。

4世紀末に多くきた渡来人

編集部　**2世紀ごろの弥生人のDNAと現代人のDNAのバランスがほぼ同じところに位置するというデータがあります。ヤマト政権ができたころは、すでに現代人と同**

じDNAだったということですが。

水谷　古墳時代のあとも当然、朝鮮半島や中国大陸から渡来の人々が多数日本列島に入ってきてはいます。しかし、彼らはそれまで日本列島に来ていた渡来人と同じ系統の人たちですから、ガラッと遺伝子が変わるということはないのでしょうね。古墳時代以降に南方や北方などの人たちが大量に渡来したりしたわけではないでしょうから。

考古学的には須恵器が4世紀末に発掘されていることは重視されます。須恵器はグレーの色をした硬く質のいい土器で、考古学では、その当時、大陸文化を持った渡来人が新しくもたらしたものといわれています。

その年代が、かつては5世紀初めといわれていましたが、現在では4世紀末に遡りました。『日本書紀』には、秦氏《はたうじ》や倭漢氏《やまとのあやうじ》（東漢氏）が来た時期が応神天皇のころであると書かれていますが、時期的にも須恵器の来た時期と同じです。

ただ、彼らは豪族と呼ばれますが、大王や葛城氏などの配下に入り、葛城氏ほどの力は持ちません。

編集部　**彼らは、ある種の職能集団だったのですね。**

水谷　そう思います。

※須恵器《すえき》は高温で作られる土器で、中国の江南地方で始まった。それが朝鮮半島を経由して日本に入ってきている。『日本書紀』では百済《くだら》から来た渡来人によって始められたとあるが、11代垂仁天皇の時代に新羅《しらぎ》王子の使者として須恵器の工人が来たとも書かれている。

編集部　**和邇氏とは立場が違う？**

水谷　和邇氏が渡来人であるかどうかはわかりませんが、そうであったとしても、そのころには、渡来人であることは、もう忘れ去られていると思います。少なくとも2

00年以上は経っていますから。

ヤマト政権が朝鮮半島に送った援軍

編集部　朝鮮半島に前方後円墳ができてくるのはその後ですか？

水谷　5世紀末から6世紀前半ぐらい。21代雄略《ゆうりゃく》天皇から継体天皇のころです。

編集部　**ということは、そのころ倭人が、朝鮮半島に行って作ったということでしょうか。**

水谷　そうでしょうね。ただし、向こうに渡った倭人が作ったのではないという人もいます。朝鮮の豪族たちが、倭の王権とのつながりを示すために前方後円墳を作ったのだという説もあります。前方後円という墳形が、倭国のシンボルだったというわけです。
一概に朝鮮半島に移住した倭人が作ったという説だけではありません。この説をとる論者たちは、政治的にヤマト王権とつながりを示す意味が、朝鮮半島の豪族にもあったと解釈していますね。

編集部　そのときには、すでにヤマト王権と朝鮮半島の豪族とのつながりは、かなりあったということですね。

水谷　そうです。ヤマト政権が百済や伽耶《かや》などに援軍を出したり支援したり、人のやりとりをしています。また百済の王族が倭国に人質で来て、長いあいだ滞在して、その後、本国にもどって国王になったりしています。

編集部　人質を取れるということは、ヤマト政権のほうが優位に立っていたということですか。

水谷　そうとばかりはいえません。人質といっても外交官的役割もありました。

編集部　ヤマト政権からは人質は行ってなかったのですか。

水谷　それはないですね。そういう意味ではヤマト政権のほうが、立場が上であったでしょう。日本からは人質を出す理由は特にありません。

なぜ朝鮮半島の王族が人質を出すかといえば、倭国の援軍がほしいからです。だから王子のような人を出すのです。そのころのヤマト政権は、他国の援軍を必要とする戦争などしていません。

当時の朝鮮半島は、高句麗《こうくり》、百済、新羅、そして加耶が入り乱れて戦争をしています。そのなかで、それらの国は、日本とは海を隔てて一歩距離がありますから援軍を頼みやすいわけですね。

人質として、皇太子はあまり来ませんが、王の次男、三男が来るわけです。そして、朝鮮半島の政治状況が変わって王や皇太子が殺されたりすると、倭国に長期滞在していた王子が、急遽本国に呼び戻されて皇太子や王になることもありました。

そうした場合、ヤマト政権は倭国の兵士や武器も一緒に送っていました。そうすることによって、朝鮮半島から文物を取り入れたり、政治的にも有利な立場に立ったりしたのでしょう。このような交流は雄略朝の終わりぐらいにはしばしばあったようです。

なお、渡来人は朝鮮人だけでなく、中国人も多く来ています。熊本県の江田船山古墳から大刀銘文が出土していますが、その文章を書いた人は、自らの名を「張安」と記しています。名前からすると、中国系の渡来人です。こうした人たちが、倭の五王が外交をするときの文書なども書いていたと思います。

※倭の五王とは、『宋書《そうしょ》』、『梁書《りょうしょ》』にかかれた5世紀頃の倭の5人の王のこと。5人の王の名は讃《さん》、珍《ちん》、済《せい》、興《こう》、武《ぶ》と書かれている（『宋書』）。このうち讃には応神天皇、16代仁徳《にんとく》天皇、17代履中《りちゅう》天皇説があり、珍には仁徳天皇、18代反正《はんせい》天皇説がある。し

かし、済は19代允恭《いんぎょう》天皇、興は20代安康《あんこう》天皇、武は21代雄略天皇とすることが有力とされている。

甲冑は大王が配っていた

編集部　国際色豊かな時代でもあったのですね。

水谷　ヤマト政権は、列島各地の豪族に命じて軍事目的で朝鮮半島などに送っています。しかし、各地の豪族にとっては、半島や大陸の優れた文物を取り入れるために自発的に渡海したという側面もあるでしょう。

たとえば長野県や福井県の古墳から、朝鮮系の冠や太刀などが出てきます。現代のように品物だけが流通される時代ではありませんから、人的な交流があったに違いないのです。『記・紀』をみても、関東地方の上毛野氏や信濃の豪族が、大王の意を受けて将軍として朝鮮半島に派遣された伝承が収められています。彼らは、決して渋々海を渡ったのではなく、自主的にいった面もあるのでしょう。そういう人が、文化を伝えたり、技術を持った渡来人を連れて帰ったりしたのでしょう。冠とか装飾品は朝鮮や大陸のほうが技術も優れていて、輸入品が多く日本に入ってきています。

その後、5世紀末から6世紀の雄略朝から継体朝からは、国内産の冠や金銅製の装飾品が作られ始めます。

ただし、古墳時代の武具について研究している田中晋作氏によると、甲冑はヤマト政権が一元的に中央、地方の豪族たちに配っていたというのです。それらは、政権の中央が一手に握っていて管理しているといいます。

編集部　大王が甲冑を地方の豪族に配っていたということは、彼らを軍事力で支配していたということでしょうか。

水谷　その場合の軍事力は、国内を治めるための軍事力というよりは、朝鮮や大陸との戦いに備えた軍事力のほうが主だったのではないかと考えます。ヤマト政権から、朝鮮半島に兵士を送る豪族たちに、わざわざ渡海して行ってくれるのだから、この甲冑を使ってくれ、という意味合いで渡したのだと思います。

そして、それを持って朝鮮に渡った豪族たちは、倭国に戻ってくるときは、向こうで入手した金銅製の装飾品を持ち帰ってきたのだと思います。

列島内にはかなり以前からある程度の統一ができていますから、5世紀以降は激しい征服戦争のようなものは、ほとんどなかったと思います。

だからこそ、朝鮮半島へ兵士を送ったり、支援したりできたのだと思います。

雄略天皇といわれる倭王の武が、宋に送った上奏文で以下のように書いています。

「封国《ほうこく》は偏遠《へんえん》にして藩《はん》を外になす。昔より祖禰《そでい》躬《みずか》ら甲冑を擐《つらぬ》き、山川を跋渉《ばっしょう》し、寧処《ねいしょ》に遑《いとま》あらず。東は毛人《もうじん》を征すること、五十五国。西は衆夷《しゅうい》を服すること六十六国。渡りて海北を平らぐること、九十五国」

現代訳をすれば、「倭国は中国からかなり離れたところにあります。昔から、大王は自ら鎧を着けて、山川を駆け巡り、戦に明け暮れていました。そして、東は五十五カ国、西は六十六カ国、海を渡って朝鮮では九十五カ国平定しました」という意味です。

ここでは、武は、自分が戦ったというよりは、自分の祖先が山や川を走り回り、戦に明け暮れていたと言っています。武である雄略天皇の何代か前に、東へ、西へ、そして、朝鮮半島へ征服戦争をしたと言っています。雄略朝のころには、戦さの話は昔話になっていたのだと思います。

この時代には吉備氏が反乱を起こしたりはしますが、ヤマト王権を揺るがすような反乱にはならず、収めています。

そして、継体天皇の時代になると、磐井《いわい》の乱を最後に地方の反乱は終わり、ヤマト王権内の権力争いに変わっていくのです。


物部も大伴もあまり格の高くない豪族だった

編集部　継体天皇を迎えたのは大伴金村《おおとものかなむら》らですが、大伴氏はその後失脚します。彼らはどのような豪族だったのでしょうか。

水谷　ヤマト政権の中で失脚した大伴氏や物部氏のルーツははっきりしません。新しい豪族のようでもありますが、天皇家より古いという伝承もあります。大伴氏の祖神は、『記・紀』で、天孫降臨のときにニニギノ命にお供をしたアメノオシヒノ命とされています。物部氏は神武天皇より先に大和入りしたニギハヤヒノ命が祖先だといわれています。

しかし、大伴氏も物部氏も、格はもともと低くて、天皇と姻戚関係を結ぶことが許されていません。彼らは明治や大正の日本でいえば軍人です。軍事力はあるけれど、天皇家とは明らかに上下関係がありました。

天皇家と姻戚関係を結べる豪族は、和邇氏や葛城氏や蘇我《そが》氏であって、地名を名前に持つ豪族です。大王と同じく、もともとある地域を治めていた豪族です。

大伴氏や物部氏は仕事を名前にしています。彼らも出身母体はあります。物部氏は天理の辺りと河内の八尾の辺りに、甲乙つけがたい根拠地があります。大伴氏も奈良の橿原市と、大阪南部の泉佐野に拠点があってどちらとも甲乙つけがたいです。

もしかすると、もともとは天理の物部氏と、河内の物部氏があって、違う系統だったかもしれません。それを政策的に同じ物部氏にしたのかもしれません。大王の政策として、本来違う一族を同じ一族としてまとめた可能性もあります。歴史的に古いのは天理のほうの物部氏です。

編集部　政策的ということは、軍事力を強化するためですか。

水谷　それはわかりません。ただし、物部氏は武器生産をしており、武器を生産するから軍事を担っていたといえます。しかし、大王を支えるまでの豪族ではありません。最初のころは親衛隊の隊長のような存在でしょうか。

21代雄略天皇の前までは、大王は畿内にいますが、吉備氏や筑紫氏などと同盟を結んで安定が成り立っていたようです。15代応神天皇あたりから葛城氏や物部氏や大伴氏などの、畿内の豪族が出てきて、地方の豪族と対立関係になります。

雄略天皇のときに、畿内の豪族を使って地方の豪族を押さえ、さらに葛城氏の力も、配下であった物部氏や大伴氏を使って抑えたのだと思います。

大王を支えた鉄

編集部　それによって中央集権的な体制を図ったといえるのですね。その大王を支えた経済的基盤は米ですか？

水谷　早い段階から政治的安定が図れた理由は鉄が原因ではないか、ともいわれています。鉄資源を朝鮮半島から一元的に輸入する権限をヤマト政権、大王が握っていたから、地方の勢力を押さえることができたといわれています。

編集部　鉄ならば出雲からも出ると聞きますが。

水谷　量は多くないのではないのでしょうか。基本は朝鮮半島から輸入していたと思います。だからこそ甲冑は中央から分配していたのです。

編集部　鉄が地方の豪族を手なづけ、王権を支えたともいえるのですね。

水谷　鉄が大きな要素であった可能性は高いでしょう。

主な参考文献

水谷千秋『謎の渡来人　秦氏』（文春新書）
水谷千秋『女帝と譲位の古代史』（文春新書）
水谷千秋『古代豪族と大王の謎』（宝島社新書）
竹村公太郎『地形と水脈で読み解く！　新しい日本史』（宝島社新書）
大塚初重・監修『古代史散策ガイド　巨大古墳の歩き方』（宝島社）
『詳説　日本史図録』（第2版　山川出版社）

古代を解き明かす『竹内文書』は偽書か

著／家村和幸（兵法研究家）

偽書として歴史から葬り去られた『竹内文書』。あまりに常識から外れたストーリーに、多くの人が首を傾げている。しかし、その壮大なストーリーに、真実が隠されていないとも限らない。地球と世界と日本の誕生のストーリーとして、その概要は知っていても損はないだろう。（編集部）

地球規模での超古代を今に伝える『竹内文書』

茨城県の皇祖皇太神宮《こうそこうたいじんぐう》に伝わる『竹内文書』は、『古事記』『日本書紀』では「神話」とされている神武天皇以前の日本に、天地開闢以来の悠久の歴史があり、世界最古の文明を有し、世界に君臨する超古代国家が存在していたことを、克明な記述をもって伝えている。その時代区分は、大きく天神七代、皇統二十五代、不合朝《ふきあえずちょう》七十三代、そして、神武天皇に始まり、今上天皇まで続いている神倭朝《かむやまとちょう》の四つに分かれており、こうした記述内容が、戦前（昭和十一年）には伊勢の皇大神宮（伊勢神宮）の権威を冒瀆するものだとして、皇祖皇太神宮管長の竹内巨麿《きよまろ》が不敬罪・文書偽造・詐欺の容疑で逮捕されている。

九年間にわたる裁判の結果は無罪であったが、これにより代々管長を務めている竹内家が所蔵していた諸々の記録や神宝等は全て押収され、靖国神社の遊就館に保管されたまま、東京大空襲によりそれらの三分の二が焼失してしまった。こうして天津教《あまつきょう》事件として世に騒がれたことで、『竹内文書』は「偽書」の烙印が押されたまま今日に至っているが、そこには、一体どのようなことが記されているのであろうか。その概要を紹介しよう。

天地開闢から地球誕生までを記した「天神七代」

大祖根天皇尊《おおおやねすめらみこと》（最初の天皇）にして神皇《しんのう》（人間の肉体を持たず、神として存在する天皇）である元無極躰主王大御神《むとふみくらいのみのぬしのおおみかみ》から、第七代神皇までが「天神七代」であり、この時代に天地が分かれて宇宙と地球が創り出される。つまり、『日本書紀』巻第一の冒頭にある天地開闢《かいびゃく》が具体的な神々の名によって記されているのである。

天神第一代　元無極躰主王大御神《むとふみくらいのみのぬしのおおみかみ》は、またの名を天地身一大神《あめつちまひとつのおおかみ》と言い、『日本書紀』にある「昔、天と地がまだ分れず、陰陽の別もまだ生じなかったとき」の天地を生み出す大根元の神である。すべてを内包した独神《ひとりがみ》として存在され、別名をメシヤ、カミナガラ、ナムモ、アミン、ノンノ、ナアモ、アーメンとされている。

天神第二代　中末分主大神尊《なかなしわかれぬしおおかみ》は、『日本書紀』にある「鶏の卵の中身のように、固まっていなかった中に、ほの暗くぼんやりと何かが芽生えを含んでいた」にあたる陰陽のエネルギーによって「土《どろ》の海」を水と土に分離させて宇宙空間を生じさせる大本の神である。

天神第三代　天地分主大神《あめつちわかれぬしのおおかみ》は、『日本書紀』にある「やがてその澄んで明らかなものは、のぼりたなびいて天《あめ》となり」にあたり、中未分主大神《なかなしわかれぬしおおかみ》尊から二百二十四億三十二万十六年後に天と地が分離し始めると、まず大空のみを造り出す神である。

天神第四代は、天地分大底主大神《あめつちわかれおおそこぬしのおおかみ》と天地分大底美大神《あめつちわかれおおそこみどのおおかみ》の二神で、『日本書紀』にある「重く濁ったものは、下を覆い滞って地となった」にあたり、太陽と地球を誕生させる最初の男女神《ほどみどのかみ》である。

天神第五代は、天一天柱主大神躰光神《あめはじめあめはしらぬしおおかみのみひかりのかみ》（天皇）と天一美柱神《あめはじめみどのはしらのかみ》（身光神《みひかりのかみ》皇后）の二神

PROFILE

家村和幸（いえむら・かずゆき）

兵法研究家。防衛大学校卒（国際関係論）。中部方面総監部兵站幕僚、幹部学校戦術教官、研究本部教育訓練担当研究員などを歴任し、平成22年10月退官、予備自衛官（予備二等陸佐）となる。現在、日本兵法研究会会長として、兵法及び武士道精神を研究しつつ、軍事や国防、古代史について広く国民に理解・普及させる活動を展開している。著書に『真「日本戦史」』（宝島SUGOI文庫）、『真説 楠木正成の生涯』『新説「古事記」「日本書紀」でわかった大和統一』（宝島社新書）など多数

『竹内文書』年表

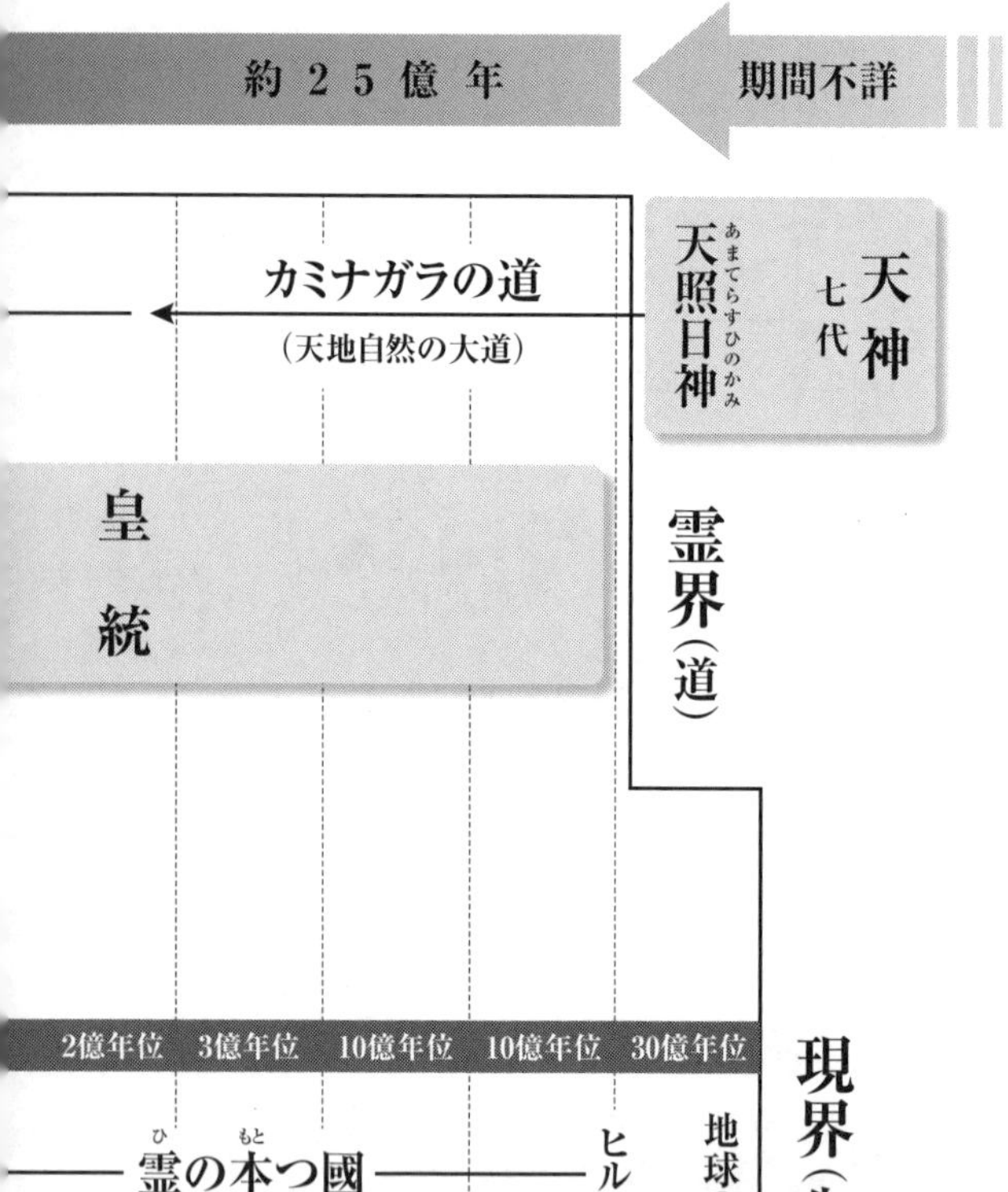
期間不詳
約25億年
天神
七代
天照日神《あまてらすひのかみ》
カミナガラの道
（天地自然の大道）
皇統
霊界（道）
現界（生命体）
30億年位
10億年位
10億年位
3億年位
2億年位
地球の誕生
海底火山の大噴火
ヒルコ
霊《ひ》の本《もと》つ國
蘇苔時代
単細胞組織
草木時代
虫魚時代
禽獣時代

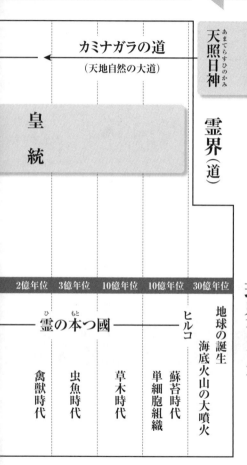

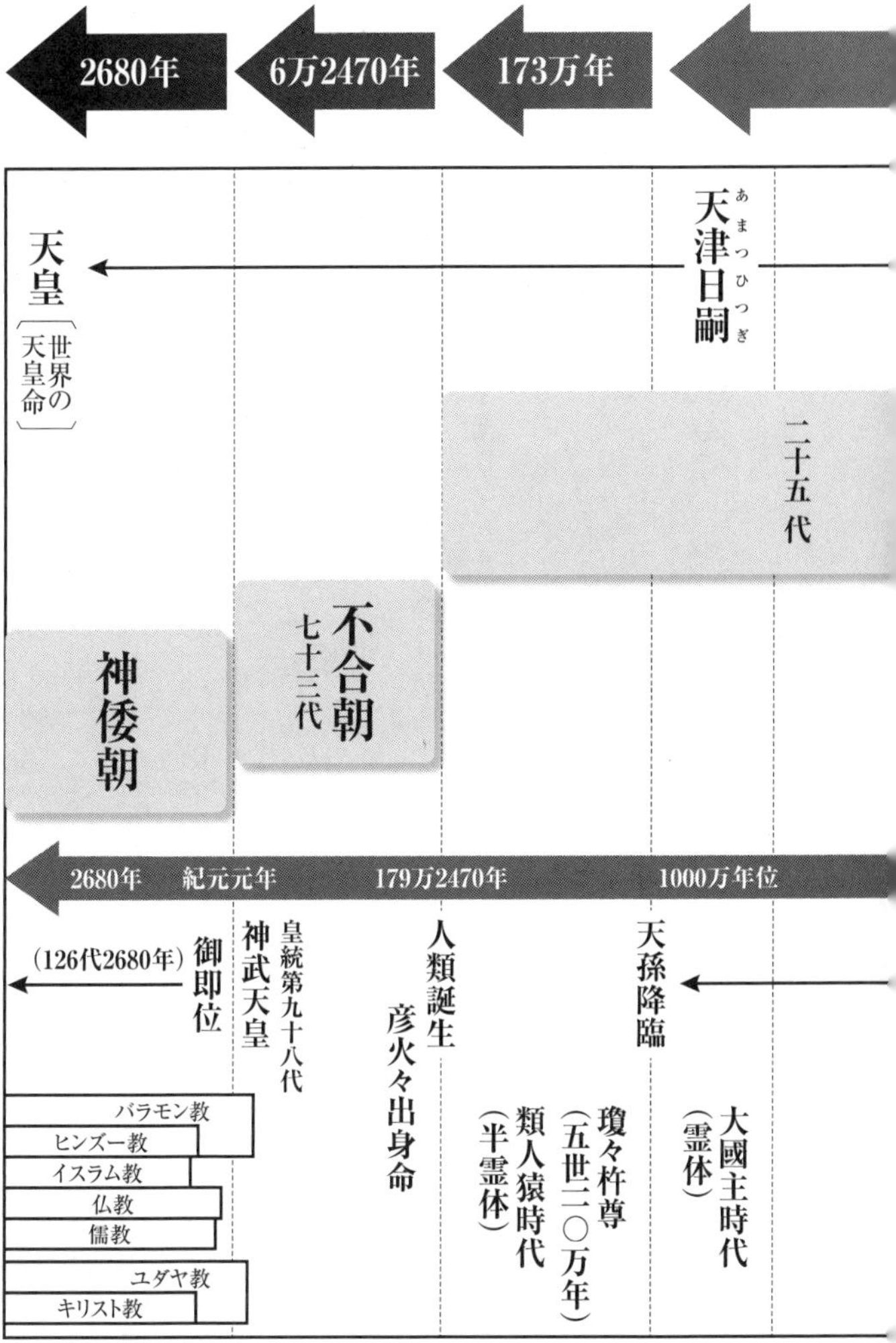

(生命とは霊の現実・姿は時なり)

で、ここから天皇・皇后が始まる。天皇は地球の形成を見護《みまも》り、生命体が息づく惑星とするため、宇宙から天越根日玉国《あめこしねひだまのくに》（日本）に通い、天の真柱の神である美柱主神《みどのはしらぬしのかみ》とご結婚なされて身光神《みひかりのかみ》皇后とされ、さまざまな働きを担う神々を生み出された。初めて降臨された場所は、現在の岐阜県大野郡舟山であるが、富山県五箇山《ごかやま》に残る天柱石も、天と地を繋いだ降臨場所だったとされている。

天神第六代は、国万造主大神身光天皇《くによろずつくりぬしおおかみみひかりすめらみこと》と国万造美大神御光皇后《くによろずつくりみどのおおかみみひかりこうごう》の二神で、地球上に草木の種を蒔《ま》かせられるとともに、地球公運活動のひながたを造り、日高天原《ひたかあまのはら》に無数の星をお産みになられたが、これ以降は地球全部が数百回にわたり「土《どろ》の海」となる。今でも地の底に大木が埋まり、岩石が丸くなり、そうした丸石や山の峰にある大岩の中に蛤《かい》ガラの化石があるのが、その証拠である。天皇・皇后即位から二十一億年後、皇祖皇太神宮の前身である「天神人祖一神宮《あまつかみくにおやはじめたましいたまや》」を地上に造って、天皇となられた神々を祀られた。

天神第七代には、天御光太陽貴王日大御神大光日天神《あめのみひかりおおひなかおひのおおみかみおおひかりひのあまつかみ》と、天御光太陰貴王女大神《あめみひかりおおいんなかおみどのおおかみ》というお二方の神皇が立たれたが、この名のとおり「陰」と「陽」が、物質的にも明確に別れた。

天御光太陽貴王日大御神《あめのみひかりおおひなかおひのおおみかみ》大光日天神《おおひかりひのあまつかみ》、またの名を天照日神《あまてらすひのかみ》の御代には、地球の自転・公転のリズムが定まり、一年が三六〇日となる。そして、一年を十二の月と四つの節（季節）に分けるとともに、四方・八方・十二方の方角が定められた。また、天御光太陰貴王女大神《あめみひかりおおいんなかおみどのおおかみ》、またの名を月神身光神《つきのかみみひかるかみ》の御代には、自然気象、地理、鉱工業、農業、文字・言語、造形など人間が地球で生きていくために必要なさまざまな摂理が創り出された。いずれも地上に人類が誕生するより五十五億年以上も前のことである。

霊界だけが存在する時代を記した「皇統二十五代」

宇宙や地球が創られた「天神七代」には、神々により地球が生命体の息づくことができる惑星となされたが、これに続く「皇統二十五代」とは、人間の肉体を持たず、霊としてのみ存在する天皇が、人類の誕生を準備する時代である。地球上には「霊界」だけが人類誕生に先行して存在し、人類の先祖である天皇によって、やがて誕生するであろう「現界（人類による現実世界）」の最も理想的なひながたが形成されていく。つまり、人類の誕生よりはるか昔、霊界ではすでに「五色人《いいろひと》」と言われる人類の祖先が誕生し、言語と文字が造られ、天皇による親政が行われて日本を中心とする世界秩序が形成されていたのである。

「皇統二十五代」とは、神代七代の天照日神《あまてらすひのかみ》の皇子である天日豊本葦牙気皇主身光大《あめひのもとあしかびきみぬしみひかりおお》神天皇《かみすめらみこと》から、最初の人皇・第二十五代の天津彦火火出見身光天津日嗣天皇《あまつひこほほでみみひかりあまつひつぎのすめらみこと》までであるが、一代に同じ名前の天皇が何人も就かれており、多いときでは三十三世の天皇を数えた代もある。

皇統第一代　天日豊本葦牙気皇主身光大神天皇《あめひのもとあしかびきみぬしみひかりおおかみすめらみこと》、またの名を天下万国五色人大根祖《あまがしたとこよいいろひとおおねおや》神《がみ》は、多くの皇子、皇女を設けられ、それぞれにさまざまなお役割を命じられた。当時の天皇の寿命は非常に長く、一代のうちに多くの皇子・皇女が生まれ、その皇子たちがまた子供を産む、というかたちで、天皇の子孫が世界中に満ちていった。天皇即位八十万年目に、世界各地にそこに住む皇子たちの名前を国名としてつけることを定められた。

また、天日豊本葦牙気皇主身光大神天皇《あめひのもとあしかびきみぬしみひかりおおかみすめらみこと》は最初の言語と文字を造られた。文字づくりを命ぜられた皇子である天日万言文造主尊《あまひよろずことふみつくりぬしのみこと》と天言文像形仮名造根尊《あめのことふみそうかたかなつくりねのみこと》によって「神人神星人像形文字」と「像形仮名文字」が造られたが、このうち「像形仮名文字」は現在も日本人が使っている「カタカナ」の原型である。これ以降も代々天皇が文字をお造りになられ、皇統二十五代までに全部で四二〇〇種類を超える文字が創り出された。天皇はこうした文字を世界中の人々にお与えになられた。それゆえに、世界中の文字のルーツはすべて日本の天皇がおつくりになられた神代文字《かみよもじ》なのである。

皇統第二代　造化気万男身光天皇《つくりぬしきよろずをみひかりすめらみこと》は、十五人の皇子と一人の皇女を選び、日本を中心に世界を十六方位に分け、それぞれの地域に派遣された。これが現在に繋がる「五色人《いいろひと》（黄人・赤人・青人・黒人・白人）」の祖である。

こうして天皇は地球上の各地に国を開かれ、人々に文明を授けられた。そして、日本を中心とした十六方位の形を「十六綺形紋章」として、天皇の紋と定められた。さらに天皇は、自ら世界各地を巡る「万国巡幸」も行い、自らの目で見た各地の事情を親政に反映させられた。

日本以外の国々が全て「土《どろ》の海」となる大天変地異

この造化気万男身光天皇《つくりぬしきよろずをみひかりすめらみこと》の御代には、地球全部が八十四回にわたり土《どろ》の海となった。次の皇統第三代　天日豊本黄人皇主神身光天皇《あめのひのもとひのひみいぬしのかみみひかりすめらみこと》の即位一六〇万年にも、地球全部に大変動があって土《どろ》の海となり、天の浮船（日本列島）により難を逃れた天皇と皇子一族、三九七名を除く世界中の万物がことごとく全滅した。皇統第七代　天相合美身光天皇《あめのまぐあいみどのみひかりすめらみこと》の即位一〇〇万年にも、大変動で地球が土《どろ》の海となり、そのときにはかならず木に餅ができたという。

皇統第十代　高皇産霊身光天都日嗣天皇《たかみむすびみひかるあまつひつぎすめらみこと》の御代には、天越根国（日本）の御皇城山に創建された天神人祖一神宮《あまつかみくにおやはじめたましいみや》が、皇祖皇太神宮《すめおやすめらおおたましいたまや》に改められる。このとき神勅が下り、初代の神皇から今上天皇までを合祀し奉る神宮を「皇祖皇太神宮」とし、諸国の王や王妃である「五色人祖《いいろひとおやかみ》」や、天皇の血を受け継ぐ指導者「民王《みっとそん》」らを祀る神宮を「別祖大神宮《とこおやおおたましいたまや》」として区別し、新たに祀った。今日でも日本の歴史ある神社が「内宮《ないくう》」と「外宮《げくう》」にわかれているのは、この皇祖皇太神宮《すめおやすめらおおたましいたまや》と別祖大神宮《とこおやおおたましいたまや》にルーツがある。これ以降、代々の天皇は天神人祖一神宮《あまつかみくにつかみおやはじめたまや》で毎年行われていた神祀りを、皇祖皇太神宮《すめおやすめらおおたましいたまや》と別祖大神宮《とこおやおおたましいたまや》でそれぞれにふさわしい形で執り行うようになる。

　このように「皇統二十五代」には霊界では理想的な天皇親政が確立されていく一方で、人類が未だ誕生していない現界においては、地殻が絶えず変動して地球の大きさが変化し、第十一代　神皇産霊身光天津日嗣天日天皇《かみむすびみひかりあまつひのすめらみこと》、第十四代　国之常立身光天津日嗣天日天皇《くにのとこたちみひかりあまつひつぎあめひのすめらみこと》、第十七代　角杭身光天津日嗣天日天皇《つぬぐいみひかりあまつひつぎあめひのすめらみこと》、第十八代　大斗能地王身光天津日嗣天日天皇《おおとのちおみひかりあまつひつぎあめひのすめらみこと》それぞれの御代にも、「万国《とこよ》（日本以外の全ての国）」が土《どろ》の海となって崩壊し、万国人《とこよびと》（あらゆる生命体）が全滅するような大天変地異が発生した。

人類誕生後の時代を記した「不合朝」

　最初の人皇であられる皇統第二十五代　天津彦火火出見身光天津日嗣天日天皇《あまつひこほほでみみひかりあまつひつぎあめひのすめらみこと》と豊玉姫《とよたまひめ》皇后宮との御子　武鵜草葺不合身光天津日嗣天日天皇《うがやふきあえずみひかりあまつひつぎあめひのすめらみこと》にはじまり、狭野尊天日嗣天皇《さのみことあまつひつぎすめらみこと》（後の神武天皇）までの七十三代が不合朝《ふきあえずちょう》である。皇統二十五代までは、一代に同じ名前の天皇が何人も就かれて数世続いたが、不合朝からは一代を一人の天皇が治められるようになる。そして天皇の寿命も次第に短くなっていく。こうしたことは、最初は神であった天皇が、霊的存在となり、やがては肉体を伴う「人」へと移行したことを意味している。

不合朝第一代　武鵜草葺不合身光天津日嗣天日天皇《うがやふきあえずみひかりあまつひつぎあめひのすめらみこと》は、地球の万国全てを十六菊花の紋章として表現されるとともに、日の丸の旗をつくられ、これらを天皇の紋と定められた。

不合朝第三代　真白玉真輝彦身光天津日嗣天皇《ましらたままてるひこのみひかりあまつひのすめらみこと》の御代に、天日神《あまつひのかみ》から天皇に「今より人の寿命を二〇〇〇歳以下にする」という神勅が下った。天皇はこれを悲しまれて涙を流された。このように、人の寿命は天の神々によって短く変化させられていったのである。

不合朝第六代　石鉾歯並執楯天日身光天皇《いわほこはなめとりたちのあめひみひかりのすめらみこと》は万国地図《とこよのくにちず》をつくられた。この地図には、「タミアラ」と「ミヨイクニ」という名で今は存在しないムー大陸が描かれていた。

不合朝第三十七代　松照彦天日身光天皇《まつてるひこあめひみひかりすめらみこと》は、皇子ミヨイ媛命をミヨイ国王に任じられ、タミアラ大彦命をタミアラ国王に任ぜられた。いずれもムー大陸に存在した国である。

不合朝第五十六代　天津成瀬男天日嗣天皇《あまつなるせのをあまつひつぎすめらみこと》の即位八十二年シハツ月立九日に詔して万国を巡幸された。天皇は羽衣に日章十六菊形紋を付けられていたが、五色人《いいろひと》王がその紋をまねしてつくらせた。今でも世界中の遺跡に菊形紋があるのはこれによる。

不合朝第六十三代　事代国守高彦尊天日嗣天皇《ことしろくにもりたかひこのみことあまつひつぎすめらみこと》の即位二六〇年ケサリ月、支那《いだくに》へ文字を教える。神武天皇即位より二五二四年前のことである。

ムー大陸が海中に沈む

不合朝の時代もまだ地殻が十分に安定しておらず、地球の大きさが縮小することで海面が上昇し、日本以外の全ての国が土《どろ》の海となるような天変地異が何度も繰り返された。

不合朝第四代　玉噛尊天津日嗣天日天皇《たまかみのみことあまつひつぎあめひのすめらみこと》の即位五年ハヤレ月に、天地が土《どろ》の海となり、万国《とこよ》（日本の外の国）の五色人《いいろびと》（＝日本以外の人類）が全て滅亡した。

不合朝第十八代　依細里媛天日身光天皇《よざみさとひめあめひのみひかりすめらみこと》の即位二五三年ナヨナ月には、天日根国《あまつひのねのくに》（＝日本）にも大変動があり、大地震で人が全て死んでしまった。

不合朝第二十代　天津明少名大汝彦天日身光天皇《あまつみのりすくなおおなひこあめひのみひかりすめらみこと》の御代、天変地変で万国五色人《とこよくにいいろひと》が全て死んでしまった。

不合朝第五十七代　天津照雄之男天日嗣天皇《あまつてるおのをあまつひつぎすめらみこと》の即位二十一年ウベコ月にも、天地大変があり、土《どろ》の海となって五色人《いいろひと》が全て死んでしまった。

不合朝第六十九代　神足別豊鋤天日嗣天皇《かんたるわけとよすきあめひつぎすめらみこと》の即位三十三年サナヘ月に、万国《とこよ》で大変動が起こり、ミヨイ国とタミアラ国という高度な文明を誇っていたムー大陸が海底に沈んでしまった。地球が縮小するときには、太平洋プレートが北米プレートとフィリピン海プレートの下にもぐりこむことになる。それゆえ両プレートの境界をなす部分が世界で最も深い海溝となっている。不幸なことにムー大陸は、下にもぐりこむ側の太平洋プレートに位置していたので、地球が縮小すれば間違いなく海没する運命にあった。一方で、プレート境界近くにありながらも、上側の北米プレートやユーラシアプレートに位置している日本は、地球が縮小する（太平洋プレートが北米プレートにもぐりこむ）ことによって沈下することはなく、むしろ地球が縮小すればするほど、プレート境界に近い日本だけは隆起することになった。それゆえ、日本に大地震が多発しながらも、「土《どろ》の海」にはならなかったのである。このように、海面上昇により世界中の陸地が水没するなかで、日本だけが隆起して陸地となっている状態を「天の浮船」と呼んだのであり、『旧約聖書』にある「ノアの箱舟」の逸話もここからきているのであろう。

モーゼと釈迦が日本に来る

不合朝第六十九代　神足別豊鋤天日嗣天皇《かんたるわけとよすきあめひつぎすめらみこと》の即位二〇〇年イヤヨ月には、ヨモツ国からモーゼが日本に来て、十二年間日本に住む。この間に、モーゼは万国五色人《とこよのくににいいろびと》が守るべき十誡《じっかい》の法を作った。神武天皇即位より六六〇年前のことである。

西暦紀元前三九二七年、紅海の北浜にある誰も住まないシエナ（＝シナイ半島）に移住させられたヘブライ人たちは、それから約二千年後の紀元前一八〇〇年ごろ、族長アブラムに率いられてカナンの地（ユダヤ地方）に定住した。それから二百年ほどしてカナンの地が凶作と飢饉に襲われたことから、ヤコブの一族は困窮してエジプトに移住することになる。ヤコブの子孫はその地で十二の支族に分かれて大いに繁栄した。しかし、それから四百年を経た西暦紀元前一二〇〇年頃にはヘブライ人の人口が増え過ぎて、元から住んでいたエジプト人の生活を圧迫するようになる。困ったエジプト王は、ヘブライ人たちを遠い祖先の地であるシエナに強制的に移住させようとするが、それには彼らを率いる指導者が必要であった。そこで、かつて日本に行って学んだことがあるレビ族のモーゼという人物を選んで、再び日本に派遣し、正しい政治の道を学ばせることにする。

　モーゼは船に乗って現在の石川県羽咋《はくい》郡の宝達水門《ほうだつみなと》という場所に着いて、能登半島最大の山である宝達山に住みながら、「カミナガラの道」を学んだ。そして、人類を正しく導くための戒律をつくり、これをヘブライ人たちに説くことを天皇に願い出るが、内容が不十分であったことから許しが得られなかった。宝達山に戻ったモーゼは、許可が得られなかった十誡を推敲《すいこう》し、「表十誡」「裏十誡」「真十誡」という三種類の十誡をつくり上げて石に刻み、それらを天皇に奉納した。神足別豊鋤天日嗣天皇《かんたるわけとよすきあめひつぎすめらみこと》はこれらに刻まれた内容を認められ、モーゼに「公布許可」をお与えになられるとともに、「アジチ文字」という神代文字で記されたこれらの十誡石を皇祖皇大神宮に納祭なされた。

また、モーゼは宝達山で暮らしながら不合朝第六十三代　事代国守高彦尊天日嗣《ことしろくにむるたかひこのみことあめひつぎ》天皇《すめらみこと》の孫である大室姫《おおむろひめ》を妻に娶《めと》り三人の御子にも恵まれた。

来日から十二年目、モーゼは天皇からヨモツ国の守主となることを命ぜられ、帰国の認可が下った。モーゼは十誡を布教してヘブライ人たちを正しい道に導くため、妻子を日本に残して一人で天浮舟《あめのうきふね》に乗り、急ぎシエナ山に向かった。その後については、『旧約聖書』に書かれているとおりである。

不合朝第七十代　神心伝物部建天日嗣天皇《かむころづてものべたけあめひつぎすめらみこと》の即位一〇七年カナメ月に、迦毘羅《かびら》国王子であった釈迦が日本に来て入門を許され、正覚《しょうがく》（＝一切の真相を知る無上の知恵・最高の悟り）を得た。釈迦が生きた時代は、西暦紀元前一〇二九年から紀元前九四九年の八十年間であり、日本に来たときは十八歳、神武天皇即位より三五〇年前のことである。仏教は、それから四百年ほど後の西暦紀元前六世紀頃にインドで体系化され、その教えは、「極端を排する中道と、起きたことには必ず原因がある（因果）という考えを基本とし、この世の苦しみから解放されるためには煩悩（心を乱す悩み）を断ち切らなければならない」とするものである。本来は、神を崇《あが》める宗教というよりも、釈迦が開いた高度な哲学であった。

世界の統治者「不合朝」から日本の天皇「神倭朝」へ

不合朝初期には一つの文明を共有していた人類も、数々の天変地異により物理的にも精神的にも分断され、バラバラになってしまう。不合朝第七十一代　天照國照日子《あまてるくにてるひこ》天日嗣天皇《あめひつぎすめらみこと》の即位二十一年カナメ月には、万国にかつてないほどの大地変が度重なり起こり、そのたびに多くの人命が失われた。文明が滅び、人々は原始時代の生活からやり直さなければならなくなった中で、天皇の国・日本だけは埋もれていた神が生まれ、信仰する人を神が守り、救助された。そうは言えども大地震にいくたびも襲われ、皇祖皇太神宮も再建できないほど崩壊していた。そこで、第七十三代　狭野尊天日嗣《さのみことあめひつぎすめら》天皇《みこと》は百歳のときに、「まずは足下である日本国の再建をしなければならない」と決意され、自らの御名を「神日本磐余彦尊《かむやまといわれひこのみこと》」と改められ、新たに「神倭朝《かむやまとちょう》」を開かれた。これが神倭朝第一代　神武天皇である。

そして、第十五代　応神天皇までの約千年間をかけて、それまで西日本だけで行なわれていた水田稲作を国家権力により全国各地に広げられた。これが「弥生時代」である。

神倭朝第三代　安寧《あんねい》天皇の十八年（西暦紀元前五三一年）四月二四日、孔子が日本に来て二十二歳から二十七歳までの五年間、「東方の君子不死の国」である日本に滞在し、安寧天皇の二十三年（紀元前五二六年）春三月四日に魯《ろ》（現在の山東省）へ帰って行った。

帰国後、孔子は五十一歳で魯の大司寇となり、五十六歳で魯を去って、諸国を歴遊することになる。しかし、春秋時代の支那《いだくに》では、孔子が説くような道は行なわれず、乱臣賊子が跋扈《ばっこ》し、臣は君を弑《しい》し、子は父を弑し、無道きわまる世の中であった。こうした故国の実情を嘆いた孔子は、再び東方の君子国・日本に行きたいと願ったが、それは実現しなかった。

神倭朝第六代　孝安天皇四十一年（紀元前三五二年）三月、孟子が日本に来て、五年間滞在し、孝安天皇四十六年（紀元前三四七年）九月二五日に支那《いだくに》へ帰った。そして、神代文字を基にして「篆書《てんしょ》」を造るとともに、性善説を主張し、仁義による王道政治を説いた。

日本の歴史と文字を消しに来た秦の徐福

神倭朝第七代　孝霊天皇の御代、支那《いだくに》は秦《しん》により統一され（西暦紀元前二二一年）、戦国時代が終わる。秦の始皇帝となった政《せい》は、紀元前六世紀前半にバビロン捕囚から解放されたにもかかわらず故国パレスチナに帰らずにアケメネス朝ペルシア帝国に仕え、アケメネス朝滅亡後は民族解放の恩人であったペルシア人とともに秦にやって来たユダヤ人の末裔である。

孝霊天皇七十二年（西暦紀元前二一九年）四月、秦の始皇帝の使・徐福《じょふく》が日本に来る。天皇の国日本に神代より伝えられている不老不死の薬を探しに来たと称していたが、実際には日本の神代文字と歴史についての文書を求めて来たのであった。五百人以上の老若男女を引き連れてやって来た徐福は、熊野灘から上陸して熊野を最初の根拠地としたが、その後は富士山の裾野に定住し、九年間をかけて日本中の文書を収集した。

秦に戻った徐福は、莫大な量の日本の古文書を始皇帝に献上するが、あらゆる文字のルーツが、全て日本の神代文字であることを知った始皇帝は、これらを全て焼き捨てさせた。そして、国内のあらゆる書物も集めさせ、自らがつくらせた「秦篆《しんてん》」以外の文字で書かれた書物も全て焼いてしまう。さらに始皇帝は、日本の歴史と文字を消滅させるため、再び徐福を日本に遣わすが、その直後に御年五十歳にて病没する。徐福に率いられて日本に向かったのは、弓兵を含む総勢五千人の秦人であった。こうして、神代の記録と御神宝の保管が危ぶまれるようになり、神倭朝第八代　孝元天皇に「皇祖皇太神宮の御神宝、上代の御神骨、ミクサの神宝を、この後は他国人に大秘密に秘蔵せよ」との神勅が下った。

神倭朝第九代　開化天皇の御代には、漢（前漢）・武帝の使である張湯《ちょうとう》が日本に来る。武帝（西暦紀元前一四一～前八七年）は、紀元前一三九年に張騫《ちょうけん》を使として西域に送り、これにより紀元前一三五年に匈奴《きょうど》は漢に和親を乞うことになる。これと同じように武帝は、東方の日本にも張湯《ちょうとう》を送ってきたのである。

来日した張湯は、大筒真雄王耳《おおづつまおおみ》に秘かに「天国東国の神殿は、白木造りが清々《すがすが》しいと思う」と言う。これより天社《あまつやしろ》、国社《くにつやしろ》を白木の神殿につくり始めたため、神明の感格がなくなる。張湯は帰国後、日本神殿の黄金造りをとり入れ、金の祭壇を作る。これが支那《いだくに》における黄金づくりの始めである。皇祖皇大神宮の神主・武雄心親王《たけおこころしんのう》にこのような神勅があった。

「日本天国の神殿を、黄金造りから白木造りに替えてしまったため、今より神明の感格はなくなる。神主家は必ず天皇へ言上申し上げて、神代のとおり、黄金及び金色の宮を再興すべし。必ずや神明の感格が兆々倍加するであろう。」

イエス・キリストの誕生と来日

西暦紀元前五三八年、アケメネス朝ペルシア帝国によりバビロン捕囚から解放されて、故国パレスチナに戻っていたユダヤ人たちは、アケメネス朝が滅亡すると、プトレマイオス朝エジプト王国の支配下に置かれ、次いでセレウコス朝シリア王国の支配を受けるようになる。セレウコス朝が弱体化すると反乱を起こして一時的に独立を回復するが、シリアがローマ共和国の属領になると、ユダヤ人もローマのシリア総督の配下に組み込まれる。そして、紀元前三七年、ローマ共和国はヘロデを国王に任命して、ユダヤ王国を再建させる。こうした波乱万丈の時代を経て、紀元前四年にイエス・キリストが生まれる。

ナザレの貧しい大工であるヨセフとその妻・マリア（ダビデ王の子孫）の長男として生まれたイエスは、九人家族の長男としてよく働きながら熱心に『旧約聖書』を勉強した。十歳のとき、ユダヤ人の若者たちがローマ帝国からの完全独立を求めてセフォリスで蜂起したが、ローマ軍によってすぐに鎮圧され、その結果ユダヤ王国はローマ帝国に併合される。そして、十二歳のとき、神に捧げるために目の前で子羊を殺されたイエスは、ユダヤ教に疑問を感じるようになり、エルサレムの聖堂で祭司たちと議論をして言い負かしてしまう。かねてからユダヤ人はモーゼの教えに再び立ち返るべきだと考えていたイエスは、十八歳のときに自分もモーゼのように「カミナガラの道」を学ぼうと意を決して、一人で日本に向かう。

神倭朝第十一代　垂仁《すいにん》天皇の御代、イエスはモーゼと同じように船で宝達水門《みなと》に着いて、二十三歳までの五年間にわたり皇祖皇太神宮に滞在した。神主・武雄心《たけおこころ》親王の弟子となり、神秘術事、文字、祭祀、歴史、天文学、祭政一致の根本などを学びながら、「全ての人たちが平等で互いに愛し合うこと」、「世のため人のために尽くそうとする観念」、「相手を赦し、過去を水に流す心」といった日本人が古来から大切にしてきた精神的な美徳を自分のものにした。修行を終えたイエスは、垂仁天皇から国王の印を授かり、恩師・武雄心親王からはヒヒイロカネでつくられた宝刀を贈られた。母国に帰ったイエスにどのような運命が待ちかまえているかがわかっておられた垂仁天皇は、イエスに「必ず生きて再び戻ってくる」ということを約束させて日本から旅立たせた。その後、イエスは数年間をかけて、イタリアのモナコをはじめとする各地をまわりながらユダヤに帰る。

ユダヤに戻ったイエスは、神の教えを人々にわかりやすく説いてまわったので、弟子は増え、その教えはたちまち広まっていった。イエスの評判があまりにも高く、多くの人々の心をとらえたので、危機感を感じたユダヤ教の祭司長カヤパと祭司たちは、まずイエスに洗礼を授けたヨハネを斬首刑にし、さらにローマ人の総督ピラトが反対するにもかかわらず、イエスを十字架の刑に処することにした。こうしてイエスは三十三歳にして死刑に処せられ、命を奪われることになったが、「必ず生きて再び日本に戻る」という垂仁天皇との約束を違えることもできなかった。兄イエスの悩みを知った弟のイスキリは、外見が兄にそっくりな自分が身代わりになって処刑されることを申し出た。イエスは悩み苦しみながらも天皇との約束を果たすことを決意した。そして、イスキリが死んでから三日目の晩、イエスとその身内だけでこっそりイスキリの遺体を墓から運び出した。父ヨセフと母マリアは、イスキリの死を悲しむあまり、その後を追うようにすぐに亡くなってしまった。

死ぬことよりも、生きることを選んだイエスは、愛する両親と弟の遺骨を抱いて、さまざまな国で教えを広めながら日本に向かった。その経路は、北欧、アフリカ、中央アジア、シベリア、アラスカ、北南米、再びアラスカを経て日本の八戸に至るものであったが、その途中、イエスは世界各地で十四人の弟子を得た（聖書が伝える十二使徒とは別の人々）。このようにして、イエスが自ら世界中に広めた教えを「原始キリスト教」と言う。

生きて再び日本に戻ることができたイエスは、その後日本名「八戸太郎天空坊《はちのへたろうてんくうぼう》」と名乗り、自分の身代わりとなったイスキリの墓をつくり、一一八歳で天寿を全うして亡くなるまで日本で暮らした。兄イエスと弟イスキリの墓は、今も二つ並んで青森県三戸《さんのへ》郡新郷村戸来《へらい》という場所にある。

『古事記』『日本書紀』の神話はこうして書かれた

神倭朝第二十二代　雄略天皇は、平群臣真鳥《へぐりのおみまとり》を大臣《おおおみ》とし、初代　神武天皇の御代から仕えてきた大伴氏と物部氏の有力者である大伴連室屋《おおとものむらじむろや》と物部連目《もののべのむらじめ》を大連《おおむらじ》とされた。

神倭朝第十五代　息長帯媛天皇《おきながたらしひめてんのう》などに仕えた武内宿禰《たけのうちのすくね》の孫である平群大臣真鳥《へぐりのおおおみまとり》は、現在の皇祖皇太神宮神主家である「竹内家」を起こした人物である。この頃は「漢字」が公用記録に用いられ、あらゆる文書が日本古来の文字「神代文字」から漢字へと書き換えられていた。このままでは神代の記録を誰も読めなくなり、失われてしまうことを危惧された雄略天皇は、平群大臣《へぐりのおおおみ》を初代皇祖皇太神宮の神主に任命するとともに、後世のために神代の記録の全てを漢字表記に書き写して、御神宝とともに秘匿するように命ぜられた。

雄略天皇二一年（西暦四七七年）の一月二一日、天皇は平群大臣真鳥《へぐりのおおおみまとり》に命じ、皇祖皇太神宮に秘蔵された神代の記録のうち、皇統第四代　天之御中主《あめのみなかぬし》天皇から、不合朝第七十三代　狭野尊《さのみこと》天皇（神武天皇）までの皇統譜だけを公開することを許された。

これは当時、宮中で大きな勢力を持っていた渡来系氏族（馬韓王の子孫）蘇我韓子《そがのからこ》が、日本の皇統譜を奪い取ろうとの野心から天皇に願い、皇統譜をぜひとも写し与えてほしいと申し出たことによるものであった。そこで雄略天皇は苦肉の策として、皇統譜の全てではなく、それをさらに短縮して漢字表記に書き写したものから写し取らせることにされた。こうして、それまで非公開とされていた皇統譜の一部を、大伴大連《おおとものおおむらじ》室屋《むろや》、葛城円《かづらきのつぶら》、物部大連目《もののべのおおむらじめ》、巨勢男人《こせのおひと》、蘇我韓子《そがのからこ》の五名に写し与えることになった。

雄略天皇は平群大臣真鳥《へぐりのおおおみまとり》にこの旨を言い含められ、天之御中主《あめのみなかぬし》天皇より前の天神七代に通ずる莫大な歴史、しかも五色人祖《いいろひとおやがみ》についての記述はことごとく削り取らせ、さらに全体を短くして漢字表記に書き写した「偽《にせ》の皇統譜」を作らせられたのであった。

これによって人類誕生後六万年以上に及ぶ「不合朝七十二代」の歴史が、ウガヤフキアエズノ尊《みこと》という御一方の「神話の神様」となってしまった。さらに、『竹内文書』によれば、このときに大伴《おおとも》大連《おおむらじ》室屋《むろや》ら五人に写し取らせた「偽の皇統譜」が元になって、後の氏族たちが都合よく改ざんして作ったのが『古事記』『日本書紀』の神代の記述なのだという。

古代の叡智を伝える『ホツマツタヱ』によれば、日本だけではなく、世界が東北地方から始まったのであり、高天原とは陸奥《みちのく》のヒタカミと呼ばれる地域であった。そして、古代の天皇はヒタカミの高天原から筑波山、富士山、近江へと移動し、さらに九州の高千穂へ移ったとされている。このように神代文字で記された古文書には世界最古の『縄文文明』の広がりを具体的に述べているものが数多くあるが、これらに記された古代天皇の事跡をすべて消滅させ、西暦紀元前六六〇年以前の日本を「神話」の世界に閉じ込めてしまったのが、日本に仏教が公伝された後に編纂された『古事記』と『日本書紀』なのである。

おわりに――『竹内文書』は偽書なのか？

茨城県の皇祖皇太神宮には、ヒヒイロカネという金属で造られた菊花御紋章や剣、モーゼの十誡石、キリストの手で作られたヨセフとマリアの御神骨像など、東京大空襲による焼失を免れた御神宝が現存する。もしも『竹内文書』が偽書であるならば、こうした御神宝もまた、全てが「偽物」だということになる。

ある書物が「偽書」だとされるのは、二つのケースがある。一つは、その書物が多くの人にフェイクを信じ込ませるために書かれた「本当の偽書」である場合、二つには、真実を隠すために「偽書」のレッテルを貼り、「読む価値がない」と信じ込ませる場合である。

本稿で紹介した『竹内文書』が仮に「本当の偽書」であるとしたならば、誰が、何の目的で、ここまで壮大なフェイクを創造したのであろうか。そして、それに代わる本当の史実は、一体どこにあるのだろうか。十代後半から二十歳代のイエス・キリストが、どこで、何をしていたのかを記した書物は、『竹内文書』の他には、世界中のどこにも存在しないのである。

宝島社新書

大論争　日本人の起源
（だいろんそう　にほんじんのきげん）

2019年11月11日　第1刷発行
2022年11月21日　第2刷発行

著　者　斎藤成也　関野吉晴
　　　　片山一道　武光 誠 ほか
発行人　蓮見清一
発行所　株式会社 宝島社
〒102-8388 東京都千代田区一番町25番地
電話：営業　03(3234)4621
　　　編集　03(3239)0927
https://tkj.jp
印刷・製本：中央精版印刷株式会社

ISBN 978-4-8002-9929-1